高等职业教育系列教材

Java程序设计项目式教程(含实训任务单)

赵国玲 刘秋兰 谭丽娜 张雪华 郭莹 | 编著

机械工业出版社
CHINA MACHINE PRESS

本书共分为 12 个单元，内容主要包括：搭建 Java 程序开发环境、Java 程序设计基础、Java 面向对象程序设计、Java 继承、异常处理、多线程、Java 集合框架、Java 文件处理、Java 数据库访问、Java 图形用户界面设计、Java 网络编程，以及学生信息管理系统设计与实现。

本书可作为高等职业院校电子信息大类专业"Java 程序设计"课程的教材，也可作为学习 Java 程序设计的参考用书。

本书是山东省高等学校省级精品课程、山东省职业教育精品资源共享课程、山东省省级职业教育在线精品课程配套教材，并配有微课视频、电子课件、课程标准、教学设计、电子教案、实训任务工单、源代码、习题答案等数字化教学资源，微课视频扫码即可观看，源代码和实训任务单可扫码下载，教学资源包可登录机械工业出版社教育服务网（www.cmpedu.com）进行免费注册，审核通过后下载，或联系编辑索取（微信：13261377872，电话：88379739）。

图书在版编目（CIP）数据

Java 程序设计项目式教程：含实训任务单 / 赵国玲等编著. —北京：机械工业出版社，2023.11
高等职业教育系列教材
ISBN 978-7-111-73521-2

Ⅰ. ①J… Ⅱ. ①赵… Ⅲ. ①JAVA 语言-程序设计-高等职业教育-教材 Ⅳ. ①TP312.8

中国国家版本馆 CIP 数据核字（2023）第 130768 号

机械工业出版社（北京市百万庄大街 22 号　邮政编码 100037）
策划编辑：王海霞　　　　　　　　　　责任编辑：王海霞
责任校对：张晓蓉　刘雅娜　陈立辉　　责任印制：邸　敏
中煤（北京）印务有限公司印刷
2023 年 11 月第 1 版第 1 次印刷
184mm×260mm・16 印张・412 千字
标准书号：ISBN 978-7-111-73521-2
定价：69.00 元

电话服务　　　　　　　　　　　网络服务
客服电话：010-88361066　　　机　工　官　网：www.cmpbook.com
　　　　　010-88379833　　　机　工　官　博：weibo.com/cmp1952
　　　　　010-68326294　　　金　书　网：www.golden-book.com
封底无防伪标均为盗版　　　　　机工教育服务网：www.cmpedu.com

Preface 前言

近十年来，职业教育得到了迅速发展，教育体系更完善，类型特色更鲜明，服务经济社会发展作用更凸显。进入新时代，我国高度重视职业教育，把职业教育摆在社会经济发展和教育改革创新更加突出的位置，对职业教育提出了新的目标和要求。与此同时，数字经济正深刻影响着人们的生活，也改变着人们的就业方式，更催生着我国的产业结构产生巨大的变化。而信息技术、大数据、人工智能等新兴产业正在成为数字经济的核心支点。在此背景下，作者总结30多年教学实践及教改经验，坚持以习近平新时代中国特色社会主义思想为指导，深入贯彻党的二十大精神，对接信息产业新技术、新方法、新规范、新要求，对《Java语言程序设计》（第2版）进行了修订，新版的教材全面反映了新时代职业教育的发展理念，具有以下特点。

一、以学生为中心，激发自主学习

教材按照"项目导向、任务驱动"的组织架构进行编写，以学生日常生活中看得见、用得上的"学生信息管理系统"项目为载体，按照模块化设计的思想，将项目划分为若干个工作任务，通过"任务分析"了解需要解决的问题，在"基本知识"中寻求解决问题的方法，在"任务实施"中使问题得以解决，整个学习过程也是学生发现问题、分析问题、解决问题的过程，最后通过"同步训练""知识梳理"有效激发学生的学习兴趣和创新潜能。本书将知识、能力、素质融为一体，实现"做中学""学中做""教学做"合一。

二、坚持立德树人，知识传授、能力培养与价值引领同步

为推进党的二十大精神进教材、进课堂、进头脑，本书根据软件开发岗位的特点，建立以培养"有耐心、勤实践、善思考、敢创新"的工匠精神和科学创新精神为主线的课程思政体系，将相关思政元素贯穿到理论知识学习和实践技能提高的各个环节。通过经典古诗文的融入，激发学习热情的同时，感受中华优秀传统文化之美；在实践技能训练过程中培养精益求精的科学精神、劳模精神、劳动精神、工匠精神，达到春风化雨、润物无声的育人效果。

三、"岗课赛证"融通组织教材内容，体现职业教育特点

"岗课赛证"融通确定教材内容，将Java开发岗位需求、Java相关职业技能等级证书标准、职业技能大赛技能要求有机融入课程的知识内容和实践技能中。遵循人才培养规律和高职学生认知特点，明晰梯度、序化教材内容，保证知识的科学性、条理性、逻辑性和系统性。

四、产教融合，校企"双元"合作开发

对接新一代信息技术的发展趋势和产业需求，与山东省计算中心（国家超级计算济南

中心）、浪潮软件等山东省信息行业头部企业深度融合，企业人员全程参与"Java 面向对象程序设计"课程的调研、岗位需求分析、课程标准制定、教材内容及项目的确定、任务划分、实训任务工单设计，以及教材编写全过程，准确对接软件开发岗位（群）职业能力需求。

五、"纸质+电子活页"的新形态一体化教材，提供丰富的"易学易教"教学资源

本教材是山东省高等学校省级精品课程、山东省职业教育精品资源共享课程、山东省省级职业教育在线精品课程配套教材，并配有微课视频、电子课件、课程标准、教学设计、电子教案、实训任务单、源代码、习题答案等数字化教学资源。通过纸质教材、数字资源、网络平台的有机融合，构建了"人人乐学""处处可学""时时能学"的学习空间，有利于线上线下混合教学模式的开展。

本教材单元 1~3 由赵国玲编写，单元 4 及全部实训任务单由张雪华编写，单元 5、6 和单元 10、11 由刘秋兰编写，单元 7~9 由谭丽娜编写，单元 12 由山东省计算中心（国家超级计算济南中心）郭莹完成，由赵国玲统稿。本书的编写还得到了山东省电子职业技术学院各级领导和广大教师的大力支持和协助，在此表示由衷的感谢。

由于编者水平有限，书中难免存在错误和疏漏，恳请各位专家和读者批评指正。

编　者

目录 Contents

前言

单元 1　搭建 Java 程序开发环境 1

【学习目标】 1
任务 1.1　Java 开发环境搭建 1
　【任务分析】 1
　【基本知识】 2
　　1.1.1　Java 的发展及应用 2
　　1.1.2　Java 语言的特点 2
　　1.1.3　Java 程序执行 3
　【任务实施】 4
　【同步训练】 7

任务 1.2　开发"Hello World!"程序 8
　【任务分析】 8
　【基本知识】 8
　　1.2.1　Java 程序的组成及特点 8
　　1.2.2　Java 程序开发工具 9
　【任务实施】 11
　【同步训练】 14
【知识梳理】 14
课后作业 14

单元 2　Java 程序设计基础 16

【学习目标】 16
任务 2.1　学生基本信息处理 16
　【任务分析】 16
　【基本知识】 17
　　2.1.1　Java 关键字与标识符 17
　　2.1.2　Java 基本数据类型 17
　　2.1.3　Java 常量与变量 18
　　2.1.4　Java 中的运算符与表达式 20
　　2.1.5　数据基本输入输出 25
　【任务实施】 27
　【同步训练】 27
任务 2.2　学科成绩处理 27
　【任务分析】 27
　【基本知识】 27
　　2.2.1　程序设计的基本结构 27
　　2.2.2　if 选择结构 28
　　2.2.3　switch 选择结构 31
　【任务实施】 32
　【同步训练】 32
任务 2.3　班级成绩统计 33
　【任务分析】 33
　【基本知识】 33
　　2.3.1　循环结构实现 33
　　2.3.2　循环嵌套 35
　　2.3.3　其他程序流程控制语句 36
　　2.3.4　循环结构应用 38
　【任务实施】 39
　【同步训练】 40

任务 2.4　班级学生成绩分析处理 ········ 40

　【任务分析】 ································· 40
　【基本知识】 ································· 40
　　2.4.1　一维数组的创建及使用 ········ 41
　　2.4.2　二维数组的创建及使用 ········ 44

　　2.4.3　字符串的使用 ······················ 47
　【任务实施】 ································· 54
　【同步训练】 ································· 54
【知识梳理】 ····································· 55
课后作业 ··· 55

单元 3　Java 面向对象程序设计 ········ 59

【学习目标】 ····································· 59

任务 3.1　学生信息类设计 ················ 59

　【任务分析】 ································· 59
　【基本知识】 ································· 60
　　3.1.1　Java 面向对象核心概念 ········ 60
　　3.1.2　定义 Java 类 ······················· 61
　　3.1.3　创建 Java 对象 ···················· 62
　　3.1.4　使用 Java 对象 ···················· 63
　　3.1.5　构造方法 ···························· 65
　【任务实施】 ································· 68
　【同步训练】 ································· 68

任务 3.2　学生成绩处理 ··················· 68

　【任务分析】 ································· 68

　【基本知识】 ································· 68
　　3.2.1　方法定义 ···························· 68
　　3.2.2　方法调用 ···························· 70
　　3.2.3　成员类别 ···························· 73
　　3.2.4　变量作用域 ························ 75
　　3.2.5　this 关键字 ························· 77
　　3.2.6　方法重载 ···························· 78
　　3.2.7　类及成员的访问权限 ············ 79
　　3.2.8　main()方法中的参数 ············ 81
　【任务实施】 ································· 82
　【同步训练】 ································· 83
【知识梳理】 ····································· 83
课后作业 ··· 83

单元 4　Java 继承 ······························· 86

【学习目标】 ····································· 86

任务 4.1　不同类别学生信息的管理 ····· 86

　【任务分析】 ································· 86
　【基本知识】 ································· 87
　　4.1.1　Java 中的继承 ····················· 87
　　4.1.2　Java 继承的实现 ·················· 88
　　4.1.3　成员的隐藏与覆盖 ··············· 90
　　4.1.4　继承与构造方法 ·················· 93
　　4.1.5　super 和 final 关键字 ··········· 95
　【任务实施】 ································· 96

　【同步训练】 ································· 97

**任务 4.2　使用抽象方法实现学生类
　　　　　继承** ······························· 97

　【任务分析】 ································· 97
　【基本知识】 ································· 97
　　4.2.1　抽象方法 ···························· 97
　　4.2.2　抽象类 ······························· 97
　【任务实施】 ································· 98
　【同步训练】 ································· 99

任务 4.3　使用接口实现学生信息管理系统 ·············· 99
　【任务分析】···99
　【基本知识】···99
　　4.3.1　接口的定义 ··99
　　4.3.2　接口实现 ··100
　　4.3.3　Java 多态性 ··101
　【任务实施】···103
　【同步训练】···103

任务 4.4　使用包对项目进行管理 ········ 103
　【任务分析】···103
　【基本知识】···104
　　4.4.1　包的定义 ··104
　　4.4.2　导入其他包中的类 ······························105
　　4.4.3　常用系统包及类 ··································106
　【任务实施】···112
　【同步训练】···112
【知识梳理】··113
课后作业 ···113

单元 5　异常处理　　115

【学习目标】···115
任务 5.1　程序运行异常 ·························115
　【任务分析】···115
　【基本知识】···116
　　5.1.1　什么是异常 ···116
　　5.1.2　Java 异常类 ··116
　【任务实施】···118
　【同步训练】···118
任务 5.2　利用异常处理解决程序运行异常 ·········· 118
　【任务分析】···118
　【基本知识】···118
　　5.2.1　Java 异常处理机制 ······························118
　　5.2.2　异常处理 ··119
　　5.2.3　自定义异常 ···122
　【任务实施】···123
　【同步训练】···123
【知识梳理】··123
课后作业 ···123

单元 6　多线程　　126

【学习目标】···126
任务 6.1　多窗口售票模拟 ·····················126
　【任务分析】···126
　【基本知识】···126
　　6.1.1　什么是多线程 ······································126
　　6.1.2　线程的创建与启动 ······························127
　　6.1.3　线程状态与线程控制 ··························130
　　6.1.4　线程的同步 ···132
　【任务实施】···136
　【同步训练】···136
任务 6.2　餐馆点餐场景模拟 ················137
　【任务分析】···137
　【基本知识】···137
　　6.2.1　线程间通信 ···137
　　6.2.2　死锁 ··138
　【任务实施】···138

【同步训练】 138
【知识梳理】 138
课后作业 139

单元 7　Java 集合框架　141

【学习目标】 141

任务 7.1　使用 List 集合存储学生信息　141

【任务分析】 141
【基本知识】 142
7.1.1　Java 集合框架 142
7.1.2　ArrayList 及其使用 142
7.1.3　LinkedList 及其使用 144
7.1.4　Vector 及其使用 145
【任务实施】 146
【同步训练】 147

任务 7.2　使用 Set 集合存储学生信息　147

【任务分析】 147
【基本知识】 147
7.2.1　HashSet 及其使用 147
7.2.2　TreeSet 及其使用 148
【任务实施】 149
【同步训练】 150

任务 7.3　用 Map 集合存储学生信息　150

【任务分析】 150
【基本知识】 150
7.3.1　HashMap 及其使用 151
7.3.2　泛型在集合中的使用 152
【任务实施】 153
【同步训练】 153
【知识梳理】 153
课后作业 153

单元 8　Java 文件处理　156

【学习目标】 156

任务 8.1　使用文件存储学生信息　156

【任务分析】 156
【基本知识】 157
8.1.1　Java 文件操作 157
8.1.2　File 类及使用 157
【任务实施】 160
【同步训练】 160

任务 8.2　学生信息的输入输出　161

【任务分析】 161
【基本知识】 161
8.2.1　Java 数据流的概念 161
8.2.2　字节流操作 161
8.2.3　字符流操作 164
【任务实施】 167
【同步训练】 167
【知识梳理】 167
课后作业 167

单元 9　Java 数据库访问 ……………………………………………………… 170

【学习目标】………………………… 170

任务 9.1　学生信息管理系统的数据库管理 ………………………………… 170

【任务分析】………………………… 170
【基本知识】………………………… 171
9.1.1　JDBC 数据库访问 ………… 171
9.1.2　连接数据库 ………………… 175
9.1.3　数据库基本操作 …………… 177
9.1.4　获取查询结果 ……………… 178
【任务实施】………………………… 180
【同步训练】………………………… 180

任务 9.2　提升学生信息数据库管理效率 …………………………………… 180

【任务分析】………………………… 180
【基本知识】………………………… 181
9.2.1　PreparedStatement 接口 …… 181
9.2.2　CallableStatement 接口 …… 182
9.2.3　事务 ………………………… 184
【任务实施】………………………… 184
【同步训练】………………………… 185
【知识梳理】………………………… 185
课后作业……………………………… 185

单元 10　Java 图形用户界面设计 ……………………………………………… 187

【学习目标】………………………… 187

任务 10.1　学生信息管理系统登录界面设计 ………………………………… 187

【任务分析】………………………… 187
【基本知识】………………………… 188
10.1.1　Java 图形用户界面的组成 … 188
10.1.2　Java 布局管理 …………… 191
10.1.3　Swing 常用组件的设置 … 196
【任务实施】………………………… 200
【同步训练】………………………… 200

任务 10.2　登录功能实现 ……………… 200

【任务分析】………………………… 200
【基本知识】………………………… 201
10.2.1　Java 事件处理 …………… 201
10.2.2　创建和使用菜单 ………… 204
10.2.3　表格 JTable ……………… 206
10.2.4　对话框 …………………… 208
【任务实施】………………………… 209
【同步训练】………………………… 209
【知识梳理】………………………… 210
课后作业……………………………… 210

单元 11　Java 网络编程 ………………………………………………………… 212

【学习目标】………………………… 212

任务 11.1　学生信息文件的上传 ……… 212

【任务分析】………………………… 212
【基本知识】………………………… 212

11.1.1 网络基础 ······ 212
11.1.2 Socket 类 ······ 217
11.1.3 ServerSocket 类 ······ 218
11.1.4 多客户端访问处理 ······ 220
【任务实施】 ······ 220
【同步训练】 ······ 221

任务 11.2　学生给教师留言 ······ 221

【任务分析】 ······ 221
【基本知识】 ······ 221
11.2.1 InetAddress 类 ······ 221
11.2.2 DatagramSocket 类 ······ 222
11.2.3 DatagramPacket 类 ······ 222
【任务实施】 ······ 223
【同步训练】 ······ 223
【知识梳理】 ······ 223
课后作业 ······ 224

单元 12　学生信息管理系统设计与实现 ······ 225

【学习目标】 ······ 225

任务 12.1　系统需求分析 ······ 225

【任务分析】 ······ 225
【基本知识】 ······ 225
【任务实施】 ······ 226
【同步训练】 ······ 229

任务 12.2　系统设计与实现 ······ 229

【任务分析】 ······ 229
【基本知识】 ······ 229
【任务实施】 ······ 231
【同步训练】 ······ 234

任务 12.3　系统测试 ······ 234

【任务分析】 ······ 234

【基本知识】 ······ 234
12.3.1 系统测试基础知识 ······ 234
12.3.2 Java 单元测试 ······ 235
【任务实施】 ······ 236
【同步训练】 ······ 238

任务 12.4　系统打包 ······ 238

【任务分析】 ······ 238
【基本知识】 ······ 238
12.4.1 使用 jar 命令打包 ······ 238
12.4.2 使用 Eclipse 工具打包 ······ 240
【任务实施】 ······ 241
【同步训练】 ······ 242
【知识梳理】 ······ 243
课后作业 ······ 243

单元 1　搭建 Java 程序开发环境

　　Java 语言是世界上最流行的编程语言之一，它在全球编程语言排行榜里面多次名列第一。其广泛应用于企业级应用程序、游戏开发、移动应用程序等领域。Java 还是 Android、iOS、HTML5 等移动应用的后台支撑，大数据开发也需要 Java 语言的支持。因此 Java 已成为企业和开发人员的首选开发语言，Java 工程师的需求量占据了软件开发工程师总需求量的 60%～70%。

　　本单元将带领大家学习如何搭建 Java 开发环境、如何运行第一个 Java 程序，同时了解 Java 的产生、发展和特点。

【学习目标】

知识目标
（1）了解 Java 的特点及发展历程
（2）熟悉 Java 开发和运行环境
（3）掌握 Java 程序结构和执行过程
（4）熟悉常用 Java 集成环境
（5）理解 Java 运行机制

能力目标
（1）能够完成 Java 开发环境搭建
（2）会编写 "Hello World!" 程序
（3）能够在命令方式及集成环境下执行 Java 程序

素质目标
（1）熟悉编码要求和规范
（2）养成良好的代码编写习惯，培养耐心细致的做事态度

※ "知之者不如好之者，好之者不如乐之者"，因此兴趣是最好的老师。

任务 1.1　Java 开发环境搭建

【任务分析】

　　工欲善其事，必先利其器。要进行 Java 程序开发，首先需要对 Java 的发展历程、语言特点及程序结构有基本的了解，还要为 Java 程序的编辑和运行搭建开发环境。

视频 1-1

【基本知识】

1.1.1 Java 的发展及应用

1. Java 产生及发展

Java 最初是由 Sun Microsystems 公司（简称 Sun 公司）于 1995 年 5 月推出的 Java 程序设计语言和 Java 平台的总称。Java 是一种跨平台的面向对象程序设计语言，是由 James Gosling 等人于 1990 年代初开发，最初被命名为 Oak。

1995 年春季，Oak 更名为 Java，Sun 公司正式发布了完整的 Java 技术规范 Java 1.0 并第一次提出了"Write Once，Run Anywhere"（一次编写，到处运行）的口号。

2009 年 4 月，Oracle 公司正式收购 Sun 公司，Java 从此正式归 Oracle 所有。2011 年 7 月，Oracle 公司发布了 Java SE 1.7；2014 年 3 月，Oracle 公司发布了 Java SE 1.8（简称 Java 8），截至 2022 年 10 月，Oracle 公司发布的最新 JDK 版本已达到 Java SE 19。但 Java 8 仍然是当前开发者的主流选择，本书也是基于此版本编写的。

2. Java 的广泛应用

Java 已成为 21 世纪最重要和最具前途的网络编程语言之一，它使网络资源得到了最大限度的使用。Sun 公司根据不同的计算机系统和用户的不同需求，将 Java 体系分为三个方向。

1）J2ME（Java2 Micro Edition，Java2 平台的微型版），应用于移动、无线及有限资源的环境。

2）J2SE（Java2 Standard Edition，Java2 平台的标准版），应用于桌面环境。

3）J2EE（Java2 Enterprise Edition，Java2 平台的企业版），应用于基于 Java 的服务器开发。

所以，Java 不仅可以用于网络程序的开发，也可以用来开发桌面应用系统和嵌入式系统等程序。概括起来，Java 主要应用在以下几个方面。

1）信息综合服务。
2）智能卡及嵌入技术。
3）电子商务。
4）可视化应用软件。

1.1.2 Java 语言的特点

Java 的迅速发展和广泛应用归功于它所具有的突出特点，"一次编写，到处运行"的跨平台性更是其他编程语言无法比拟的。Java 的主要特点包括以下几项。

1）简单性。Java 是一种相对简单的编程语言，它继承了 C++语言的优点，删除了 C++中学习起来比较难的多继承、指针等概念，所以 Java 语言学习起来更简单，使用也更方便。

2）面向对象。Java 是一种完全面向对象的编程语言，通过类和对象描述现实事物及事物之间的关系，更有利于对复杂问题进行分析与设计。

3）分布性。Java 是分布式语言，使分布式计算变得比较容易，编写网络程序如同在文件中存取数据一样。

4）安全性。Java 的存储分配模型可以防御恶意代码的攻击，所以 Java 语言安全可靠，是很多大型企业级项目开发的首选。

5）跨平台性。跨平台性是 Java 最大的优势，用 Java 编写的程序可以运用到任何操作系统上。

6）支持多线程。多线程是程序同时执行几个任务的能力，Java 支持多线程，可显著提高程序的执行效率。

1.1.3 Java 程序执行

1. Java 程序执行过程

由 Java 语言编写的源程序代码，经过"Java 编译器"编译后生成一种二进制的中间代码，称为字节码，然后通过运行与操作系统平台环境相对应的"Java 解释器"，将字节码转化为特定系统平台下的机器码，最后解释执行这些代码。Java 程序执行过程如图 1-1 所示。

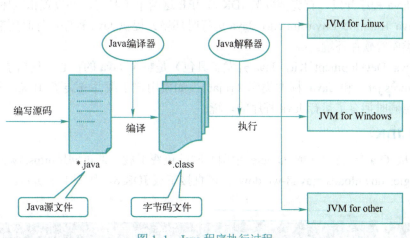

图 1-1　Java 程序执行过程

2. Java 的运行机制

Java 语言之所以具有良好的跨平台性和可移植性，关键就在于它独特的运行机制。与其他语言的运行机制不同，例如，在 Windows 下编译了一个 C++程序，编译器生成的可执行代码只能在 Windows 平台下运行。Java 程序与一般编译型高级语言程序运行过程的区别如图 1-2 所示。

Java 解释器又称为 Java 虚拟机（Java Virtual Machine，JVM），是驻留于计算机内存的逻辑计算机，实际上是一段负责解释执行 Java 字节码的程序。每个支持 Java 的计算机系统，都有一个与自己操作系统和处理器相适应的 JVM，由它从字节码流中读取指令，并进行解释执行。所以从这一意义上说，Java 也可以称作是一种"解释型"的高级语言。

Java 虚拟机是 Java 成为网络应用首选语言的秘密所在。当 Java 的字节码程序在网络上的不同机器上运行时，它接触到的是完全相同的解释器，从而避免了为不同的平台开发不同版本的应用程序，软件的升级和维护工作也大大简化。

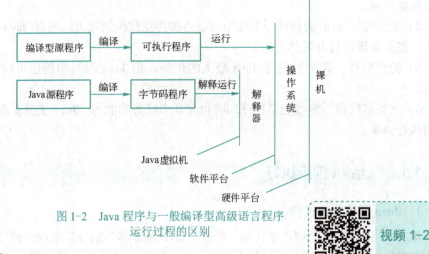

图 1-2　Java 程序与一般编译型高级语言程序运行过程的区别

【任务实施】

要进行 Java 程序开发，首先要安装 JDK 和 JRE 这两个工具包，并设置相应环境变量。

JRE（Java Runtime Environment，Java 运行时环境）提供 Java 程序运行时所需要的 Java 虚拟机、基础类库等软件环境。

JDK（Java Development Kit，Java 开发工具包）是整个 Java 的核心，包括了 JRE、一系列 Java 工具（tools.jar）和 Java 标准类库（rt.jar）。如果用户下载并安装了 JDK，不仅可以开发 Java 程序，也同时拥有了运行 Java 程序的环境。

1. 安装 JDK

JDK 可从 Oracle 公司（或 Oracle 中国）网站免费下载。通过网址https://www.oracle.com/java/technologies/downloads/#java8-windows，可直接下载 JDK 8，如图 1-3 所示。

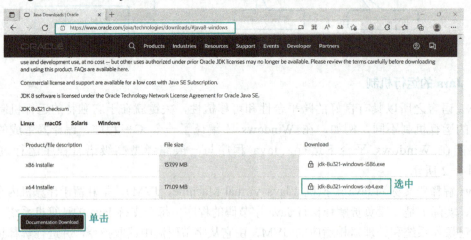

图 1-3　JDK 8 下载方式

下载后的安装文件为 jdk-8u321-windows-x64.exe（本书使用版本），双击运行该文件就可以进行安装，具体安装步骤如下。

1) 运行下载的安装文件，进入 JDK 的"定制安装"向导界面，如图 1-4 所示。

2) 图 1-4 中，"C:\Program Files\Java\jdk1.8.0_321\"为默认的安装路径，单击"更改"按

钮，可修改安装路径，例如将安装路径设置为"D:\Java\jdk1.8.0_321\"，如图1-5所示。

图1-4　JDK"定制安装"向导界面

图1-5　设置JDK安装路径

3）单击"确定"按钮之后，单击"下一步"按钮，开始JDK的安装。

4）接下来，在进行JRE安装时，同样可以单击"更改"按钮修改JRE的安装路径，如图1-6所示。可在"D:\Java\"路径下建立一个新的文件夹"jre8"，将JRE安装在"D:\Java\jre8"路径下，如图1-7所示。

图1-6　修改JRE安装路径

图1-7　修改后的JRE安装路径

5）单击"下一步"按钮，继续系统安装，将显示JDK安装进程，如图1-8所示。

6）JDK安装成功，如图1-9所示。可根据需要单击"后续步骤"按钮进入学习教程，或单击"关闭"按钮关闭安装界面。

图1-8　JDK安装进程

图1-9　JDK安装成功

JDK安装成功之后，在"D:\Java\jdk1.8.0_321"中应看到以下几个文件夹。

- bin 文件夹：存放 Java 可执行文件。
- include 文件夹：存放用于本地方法的头文件。
- jre 文件夹：存放 Java 运行环境文件。
- legal 文件夹：存放 jdk 各模块的授权文档。
- lib 文件夹：存放 Java 的类库文件。

2. 配置系统环境变量

JDK 安装完成后，还要对 Java_Home、ClassPath、Path 三个系统环境变量进行设置，Java_Home 代表 JDK 安装路径，ClassPath 指明 Java 类库存放位置，Path 指明 Java 可执行文件存放位置。根据上述实际安装路径，三个环境变量的值分别为：

```
Java_Home=D:\Java\jdk1.8.0_321
ClassPath=.;%Java_Home%\lib
Path=%Java_Home%\bin
```

具体操作步骤如下。

1）在桌面或资源管理器中右击"此电脑"，选择"属性"→"高级系统设置"，打开"系统属性"对话框，如图 1-10 所示。

2）单击"环境变量"按钮，打开"环境变量"对话框，如图 1-11 所示，单击"新建"按钮，打开"新建系统变量"对话框。

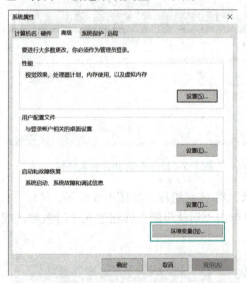

图 1-10 "系统属性"对话框　　　　　图 1-11 "环境变量"对话框

3）在"变量名"文本框、"变量值"文本框中，分别输入"Java_Home""D:\Java\jdk1.8.0_321"，如图 1-12 所示，单击"确定"按钮，Java_Home 变量创建完毕，如图 1-13 所示。

图 1-12 创建 Java_Home 变量

4）再一次单击"环境变量"对话框中的"新建"按钮，以同样的方式创建 ClassPath 变量，如图 1-14 所示。注意 ClassPath 变量值的第一个字符必须是"."，代表当前路径。

图 1-13　Java_Home 变量创建完成　　　　图 1-14　ClassPath 变量创建完成

5）在上述"环境变量"对话框选中"Path"变量，单击"编辑"按钮，打开"编辑环境变量"对话框，单击其中的"新建"按钮，在文本框中给 Path 变量添加一个新的变量值"%Java_Home%\bin"，如图 1-15 所示。

6）单击"确定"按钮，返回"环境变量"对话框，单击其中的"确定"按钮，完成环境变量设置，最后单击"确定"按钮，退出系统属性设置。

在命令窗口中运行命令 javac –version 查看版本信息，显示 JDK 版本号，说明 JDK 环境搭建成功，如图 1-16 所示。

图 1-15　设置"Path"变量

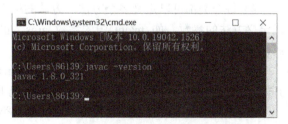

图 1-16　使用 Java 命令查看版本信息

【同步训练】

自己动手在个人计算机上下载并安装 JDK，设置相应环境变量，并通过查看版本信息，测试 JDK 安装是否成功。

任务 1.2 开发"Hello World!"程序

【任务分析】

JDK 环境已经搭建完成,接下来尝试运行第一个 Java 程序,该程序执行之后,能显示一行简单信息"Hello World!"。

工单 1-1

【基本知识】

1.2.1 Java 程序的组成及特点

Java 是一种面向对象程序设计语言,它的源程序是由类(Class)构成的,编写 Java 程序的过程就是定义类的过程。Java 程序的基本结构如图 1-17 所示。

视频 1-3

```
public class Hello {                              //定义类
    public static void main(String[] args) {      //定义主方法
        System.out.println("Hello World!");       //输出字符串
    }
}
```

图 1-17 Java 程序的基本结构

Java 程序组成结构有如下特点。

1)所有的 Java 程序都是由类组成的,用关键字 class 来标志一个类定义的开始,class 的前面可以有若干标志该类属性的限定性关键字,class 后面跟着这个类的名字。

2)一个 Java 源程序可以定义多个类,但最多只能有一个类可以使用 public 来声明。这些类经过编译后,每个类都将生成一个类文件(.class),这些类存放在同一个文件夹中。

3)Java 源程序的文件名必须与类同名,其扩展名为.java。当一个文件中的多个类都没有使用 public 声明时,源文件的文件名可以任意取。当 Java 的源程序中有使用 public 来声明的类时,源文件的文件名必须与该类名完全一致(包括大小写)。

4)每个类都可以定义多个方法,方法的标志是方法名后面紧跟一对小括号,小括号里面可以定义方法的参数,如 main()中的参数 args,也可以不定义。方法名前面可以添加标志该方法属性的限定性关键字和方法的返回类型。

5)一个 Java 应用程序,必须有一个 main()方法,且只能有一个。程序执行从 main()方法开始,main()方法所在的类称为主类。通常情况下,将 main()方法所在的类说明为 public 类。

6)每一条 Java 语句都必须用分号结束,类和方法中的所有语句必须用一对大括号({})括起来。

7)程序注释。注释是对程序所做的一些说明,有利于提高程序的可读性,它们不被编译和执行。Java 中有多种注释符号:

- 单行注释,用两个斜杠(//)引导,以//开始,以行末结束。
- 多行注释,用符号/*和*/括起来,以/*开始,以*/结束。

● **文档注释**，使用/**和*/括起来的内容则为 Java 文档注释，主要用于描述类、属性和方法，它可以通过 JDK 的 javadoc 命令转换为 HTML 文件。

8）Java 是区分大小写的语言，关键字的大小写不能改变，如把 class 写成 Class 或者 CLASS 都会导致错误。

1.2.2 Java 程序开发工具

Java 简单易学，可以通过任何文本编辑器（如 Windows 记事本、UltraEdit、Editplus 等）编写 Java 源文件，然后在命令提示符（CMD）窗口利用 JDK 提供的开发工具，通过命令来编译和执行 Java 程序。从初学者角度来看，采用命令运行 Java 程序能够很快理解程序中各部分代码之间的关系，有利于理解 Java 面向对象的设计思想。所以，Java 初学者一般都采用这种开发工具。

但它的缺点是从事大规模 Java 应用开发非常困难，不能进行复杂的 Java 软件开发，也不利于团队协同开发。所以，在 Java 开发领域还有众多厂商推出的各种集成开发环境（Integrated Development Environment，IDE）。目前比较主流的几种 Java IDE 主要有 Eclipse、IntelliJ IDEA 和 Netbeans 等。

1. 使用命令方式运行 Java 程序

为了便于文件的管理，在开发一个应用程序之前，一般应先创建一个特定的文件夹，将与该应用程序相关的各类文件存放在这一特定文件夹（称为**工作空间**）中。本书在 D 盘根目录下创建一个名为 workspace 的文件夹，将所建立的 Java 程序存放在该文件夹中。

在 JDK 环境下，创建一个 Java 程序需要以下几个过程。

1）利用记事本创建 Java 源程序。Java 源程序是一个文本文件，以".java"为扩展名。由于 JDK 没有提供专门的编辑工具，因此可以使用任何文本编辑器创建与编辑 Java 源程序。最简单的一种编辑工具就是"记事本"。

2）使用 javac 命令编译源程序。利用 JDK 提供的 Java 编译器 javac.exe，读取 Java 源程序并翻译成 Java 虚拟机能够识别的指令集合，且以字节码的形式保存在文件中。通常，字节码文件以".class"作为扩展名。

3）使用 java 命令运行 class（字节码）文件。利用 JDK 提供的 Java 解释器 java.exe 读取字节码，取出指令并且翻译成计算机能执行的代码，完成运行过程。

如果程序有编译错误，必须通过修改程序纠正错误，然后重新进行编译；如果程序运行错误或者运行结果不正确，也必须修改程序，并重新编译和运行。整个过程如图 1-18 所示。

2. Eclipse 开发工具使用

Eclipse 是一个开放源代码、基于 Java 的可扩展开发平台。其本身只是一个框架和一组服务，用于通过插件组件构建开发环境。Eclipse 附带了一个标准的插件集，包括 Java 开发工具 JDK。

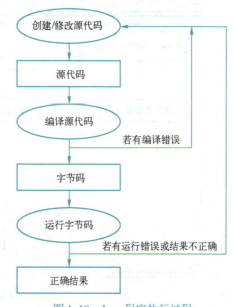

图 1-18 Java 程序执行过程

（1）安装和启动 Eclipse

Eclipse 可以通过其官网地址 http://www.eclipse.org/downloads/，选择其中的"Eclipse IDE for Java Developers"进行下载。它是一款绿色软件，直接解压下载的安装文件"eclipse-java-2021-12-R-win32-x86_64.zip"，得到如图 1-19 所示的目录结构。双击"eclipse.exe"文件即可启动 Eclipse 集成开发环境。

（2）Eclipse 界面组成

启动 Eclipse，首先打开一个 Workspace（工作空间）选择对话框，如图 1-20 所示。所谓工作空间就是一个文件夹，用来存放项目的各类文件。

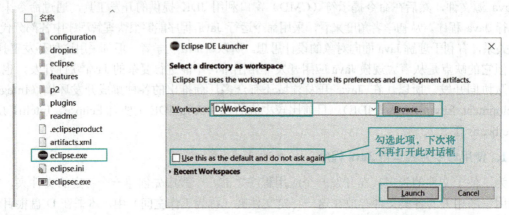

图 1-19 Eclipse 目录结构　　　　　图 1-20 工作空间选择对话框

单击"Browse"按钮，可以重新选择工作空间文件夹，也可以在文本框中直接输入工作空间目录，单击"Launch"按钮开启 Eclipse 工作台窗口。

Eclipse 工作台窗口主要由主菜单、工具栏及 4 个视图区域组成，如图 1-21 所示。

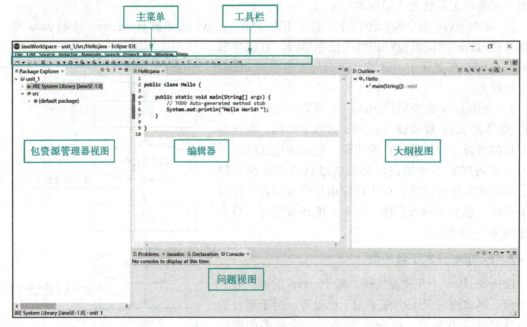

图 1-21 Eclipse 工作台窗口

主菜单：包括文件、编辑、源代码、搜索、运行与窗口等菜单，大部分的向导和各种配置对话框都可以从主菜单中打开。

工具栏：包括文件、调试、运行、搜索、浏览等工具栏。工具栏中的按钮都是各菜单的相应快捷方式。

包资源管理器视图：用于显示 Java 项目中的源文件、引用的库等，开发 Java 程序主要使用此视图。

编辑器：用于代码的编辑，程序所有源代码都要在此区域进行编辑。

大纲视图：用于显示代码的纲要结构，单击结构树的各节点可以在编辑器中快速定位代码。

问题视图：用于显示代码或项目配置的错误、程序运行结果等，双击错误项可以快速定位代码。

☞ 说明：

1）首次启动 Eclipse 时会显示欢迎界面，将其关闭即可显示如图 1-21 所示的 Eclipse 工作台窗口。

2）Eclipse 工作台所包含的视图并非一成不变的，各视图的位置和大小均可通过鼠标拖动操作进行更改，也可以关闭一些视图或通过"视图"属性加入一些其他视图。

【任务实施】

完成"Hello World!"程序的编辑、编译和运行。程序代码如下。

```
public class Hello {                                //定义类
    public static void main(String[] args)   {      //定义主方法
        System.out.println(" Hello World! ");       //输出字符串
    }
}
```

1. 使用 JDK 用命令行方式完成任务

使用记事本编辑程序，打开 CMD 命令窗口，使用命令编译和运行程序。

（1）编辑源程序

打开记事本程序，逐行输入程序源代码，如图 1-22 所示。

将该源程序保存在 D:\workspace 目录中，文件名为"Hello.java"，该文件名必须与程序中定义的类名相同，且大小写要一致。

Java 是区分大小写的，无论是 Java 文件名还是程序中的代码，都要注意大小写是否正

图 1-22 使用记事本编辑源程序

确。习惯上，**类名的第一个字母要大写**，程序格式应错落有致，通过行缩进展现出程序的层次性。

☞ 说明：保存 Java 源文件时，一定要加上扩展名.java，保存类型选择"所有文件"。

（2）编译源程序生成字节代码文件

对源程序代码进行编译就是执行 Java 编译器程序 javac.exe，对源代码进行编译，生成相应的字节代码文件 Hello.class。

执行这一步时，要打开"命令提示符"窗口，并使 Hello.java 文件所在的目录 D:\workspace 成为当前目录，然后在命令行输入以下命令：

  D:\workspace>**javac Hello.java**

其中，javac 就是编译命令，空格之后紧跟着的就是要编译的源程序文件的文件名（必须加扩展名）。

编译时，检查源代码是否有语法错误，如果有错误，则显示行号和主要的错误信息；如果没有任何提示，表示没有语法错误且编译成功，则生成 Hello.class 的字节码文件。查看 D:\workspace 目录，应有两个文件：**Hello.java 和 Hello.class**。

如果一个源程序中包含多个类，编译成功的结果将是生成多个字节码文件，每个字节码文件对应源程序中定义的一个类，该文件的名字就是它所对应的类的名字，并以.class 为统一的扩展名。

（3）运行程序

运行一个编译好的 Java 字节码程序，需要调用 Java 的解释器程序 java.exe。如要运行本例中的程序，可在编译后使用如下的命令来运行已生成的 Hello.class 文件。

在命令行输入以下命令：

  D:\workspace>**java Hello**

其中，java 为执行命令，空格之后紧跟着的就是要执行的字节码文件的文件名（这里不需要加扩展名）。

程序正确执行之后，结果如图 1-23 所示。至此，整个程序运行结束。

2. 使用 Eclipse 工具完成任务

使用 Eclipse 工具开发 Java 应用程序，需要以下步骤。

1）创建项目（如 unit_1）。
2）创建类（如 Hello）。
3）编辑程序代码。
4）编译和执行程序。

具体操作过程如下。

图 1-23 程序运行过程及结果

1）启动 Eclipse，选择工作空间 D:/workspace，打开 Eclipse 工作台窗口。

2）创建项目"unit_1"。选择"File"→"New"→"Java Project"菜单命令，打开"New Java Project"对话框。在"Project name"文本框中输入项目名"unit_1"，然后直接单击"Finish"按钮，完成项目创建，并在包资源管理器视图中显示新建立的项目，如图 1-24 所示。

3）创建类"Hello"。右击"unit_1"项目名，选择快捷菜单中的"New"→"Class"命令，打开"New Java Class"对话框。在"Name"文本框中输入类名"Hello"，然后单击"Finish"按钮，返回 Eclipse 工作台窗口，并在编辑器中显示 Hello 类的结构，如图 1-25 所示。

4）输入、编辑程序代码。在编辑器中逐行输入程序源代码，如图 1-26 所示。

5）执行程序。单击"运行"按钮，完成程序的编译和运行，并在"Console"（控制台）输出程序运行结果，如图 1-26 所示。

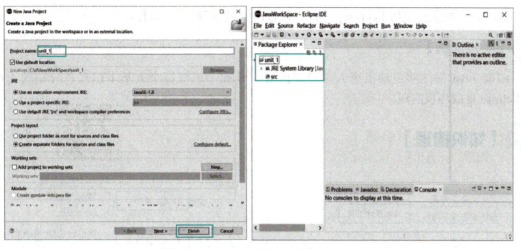

图 1-24　创建项目

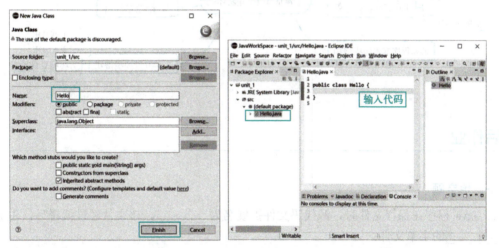

图 1-25　创建类

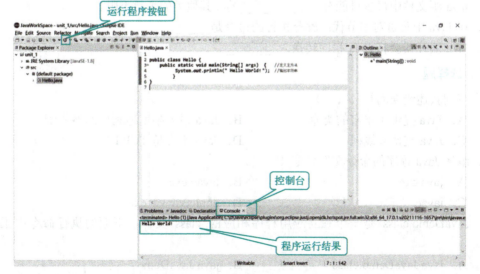

图 1-26　执行程序

到此，已经完成使用 Eclipse 实现 Java 程序的编辑、编译、运行。

【同步训练】

编写 Java 程序实现输出个人学号、姓名、专业、班级等个人基本信息。分别使用命令和 Eclipse 集成环境实现。

工单 1-2

【知识梳理】

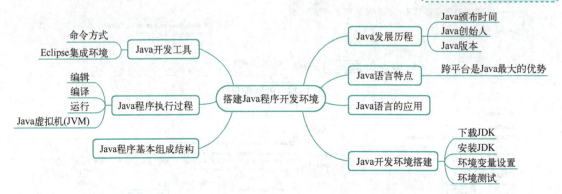

课后作业

一、填空题

1. Java 程序在保存文件时，源代码文件扩展名为_____，该文件经过编译后，生成扩展名为_____的字节文件。
2. 每个 Java 程序可以包含多个方法，但必须有且只能有一个_____方法。
3. Java 源文件中最多只能有一个_____类，其他类的个数不限。
4. 在 Java 中负责对字节代码解释执行的命令是_____。
5. Java 编译器会将 Java 程序转换为_____。

二、选择题

1. 下列叙述错误的是（   ）。
    A. Java 提供了丰富的类库　　　　B. Java 最大限度地利用网络资源
    C. Java 支持多线程　　　　　　　D. Java 不支持 TCP/IP
2. 编译 Java 程序的命令文件名是（   ）。
    A. java.exe　　　　　　　　　　B. javac.exe
    C. javac　　　　　　　　　　　D. appletviewer.exe
3. JavaDemo.class 是一个独立应用程序相应的 class 文件，下面的执行命令中正确的是（   ）。
    A. java JavaDemo.class　　　　B. java JavaDemo
    C. javac JavaDemo　　　　　　D. javac Javademo

4. 编译 Java 程序 FileName.java 后，生成的文件名是（   ）。
   A．FileName.html   B．FileName.jav
   C．FileName.class   D．FileName.jar
5. 可以用来运行 Java 程序的工具集是（   ）。
   A．JRE   B．JNI   C．JVM   D．JDK
6. Java 语言与其他语言相比，独有的特点是（   ）。
   A．面向对象   B．多线程
   C．平台无关性   D．可扩展性
7. 下列关于 JDK 目录结构的说法，错误的是（   ）。
   A．bin 目录下有许多工具   B．lib 目录下有各种演示例子
   C．include 目录下都是库文件 D．jre 目录是 Java 程序运行环境的主要文件
8. 下列叙述中正确的是（   ）。
   A．Java 语言的标识符是区分大小写的
   B．源文件名与 public 类名可以不相同
   C．源文件的扩展名为 jar
   D．源文件中 public 类的数目不限
9. 下面的（   ）数据类型可用于 main()方法的参数。
   A．String   B．Integer   C．Boolean   D．Variant
10. 以下语句能在屏幕上显示消息的是（   ）。
    A．System.out.println("Java Expert");
    B．system.out.println("Java Expert");
    C．System.Out.Println("Java Expert");
    D．System.out.println('Java Expert');

三、简答题目

1. Java 语言有哪些主要特点？
2. Java 语言是如何实现平台无关性的？
3. 请简单阐述 Java 程序的组成结构。
4. Java 开发工具包中用来编译源文件、执行类文件的程序分别是什么？
5. 请简单阐述程序编译执行的过程。

四、操作题

1. 下载安装 JDK，配置系统环境变量。
2. 编写一个应用程序，在屏幕上输出"Welcome to Java Word!"，利用记事本编辑该程序，利用 JDK 命令完成程序的编译、运行。
3. 下载安装 Eclipse 工具，利用 Eclipse 集成环境运行第 2 题的程序。

单元 2　Java 程序设计基础

任何程序设计语言都是由语言规范和一系列开发库组成的。例如，标准 C 语言除了提供语言规范外，还提供了很多函数库。Java 语言也不例外，也是由 Java 语言规范和 Java 开发类库组成的，本单元主要介绍 Java 的基本语言规范。

【学习目标】

知识目标
（1）了解 Java 标识符和关键字
（2）熟悉 Java 基本数据类型
（3）掌握 Java 常量、变量的表示方法
（4）熟悉 Java 运算符与表达式
（5）掌握分支结构程序的构成及执行过程
（6）掌握循环结构程序的构成及执行过程
（7）熟悉数组、字符串的特点、定义及引用

能力目标
（1）能够根据实际问题在程序中合理定义、使用数据类型
（2）能够根据需要正确使用各种数据运算
（3）能正确完成数据的基本输入、输出
（4）能够运用流程控制语句正确编写分支结构和循环结构程序
（5）能够熟练运用数组进行批量数据处理
（6）会使用常用字符串处理方法对字符串进行处理

素质目标
（1）养成良好的代码编写习惯
（2）培养主动思考、善于分析的学习能力

※ 所谓"井者，起于三寸之坎，以就万仞之深"，程序设计也必须从基础做起，从极细微的积累开始，要坚持不懈，才能逐步成为一名程序高手。

任务 2.1　学生基本信息处理

【任务分析】

在"学生信息管理系统"中，每个学生的基本信息包括：学号、姓名、性别、年龄等，在程序中对学生信息进行合理的描述、处理及数据的输入输出是完成系统设计的第一步。完成此项任务，需要用到数据类型、标识符、常量、变量、变量的声明及数据基本运算等。

【基本知识】

2.1.1 Java 关键字与标识符

1. 关键字

关键字（Keyword）是由系统定义的、具有专门意义和用途的专用词汇或符号，也称为保留字。在 Java 语言中共有数据类型、程序流程控制等近 50 个关键字，关键字均用小写字母表示。表 2-1 中按用途列出了 Java 语言中的常用关键字。

表 2-1　Java 语言中的常用关键字

与数据类型有关	与程序语句有关	与类或方法有关	与包或接口有关	修饰符
byte	break	class	extends	abstract
boolean	catch	instanceof	implements	final
char	case	native	import	private
double	continue	new	interface	protected
false	default	null	package	public
float	do	this		static
int	else	throws		transient
long	finally	super		volatile
short	for			
true	if			
void	return			
	throw			
	try			
	while			

2. 标识符

标识符（Identifier）是程序员为程序中的各个元素所定义的名字。在 Java 语言中，标识符可以包含字母、数字、下画线（_）和美元符号（$），其中的字母不仅限于英文字母，也可以是汉字、希腊文、日文和韩文等。

Java 语言的标识符区分大小写字母，不能以数字开头，没有最大长度限制。Java 语言的关键字不能用来作为标识符。

例如，identifier、userName、User_Name、_sys_val、$change 都是合法的标识符，而 2mail、room#、class 则为非法的标识符。

3. 分隔符

在 Java 语言的语法规则中，有一些字符被当作分隔符（Separator）使用，用来区分源程序中的基本成分。除空白符外，还有一些具有特定含义的分隔符号，如()、{ }、[ ]等。

2.1.2 Java 基本数据类型

数据是程序的组成部分，也是程序处理的对象。Java 语言提供的数据类型可分为 4 种：基本数据类型、数组类型、类和接口类型，后面的三种类型统称为复合数据类型，如图 2-1 所示。

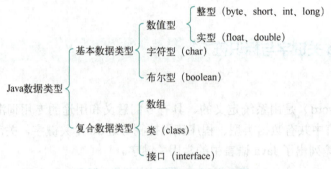

图 2-1　Java 语言的数据类型

Java 基本数据类型所表示数据范围及在内存中所占字节数如表 2-2 所示。

表 2-2　Java 的基本数据类型

类型	所占字节数	描　　述	初始值
byte	1	8 位有符号整数，取值范围为-128～127	（byte）0
short	2	16 位有符号整数，取值范围为-32768～32767	（short）0
int	4	32 位有符号整数，取值范围为-2147483648～2147483647	0
long	8	64 位有符号整数，取值范围为-9.22E18～9.22E18	0
float	4	32 位单精度浮点数，取值范围为 1.4E-45～3.4E38	0.0
double	8	64 位双精度浮点数，取值范围为 4.9E-324～1.8E308	0.0
boolean	1	布尔数，只有两个值，即 true 和 false	false
char	2	16 位字符，取值范围为'\U0000'～'\Uffff'	'\u0000'

2.1.3　Java 常量与变量

程序中数据的表示形式主要有常量和变量两种。

1．常量

常量是在程序执行过程中其值保持不变的量。Java 支持如下几种类型的常量：整型常量、实型常量、布尔型常量和字符型常量。

（1）整型常量

整型常量就是整数，包括 byte、short、int 和 long 四种。Java 的整型常量可以采用十进制、八进制或十六进制表示，其中 byte、short 和 int 的表示方法相同，而长整型必须在数字的后面加字母 L(或 l)，以表示该数是长整型。

- 十进制整数：由一个或多个从 0～9 的数字和正负号组成，如 347、987L、-56、0 等。
- 十六进制：以 0x 或 0X 开头，由一个或多个十六进制数组成。十六进制数字包括 0～9 及字母 A～F（或 a～f），如 0xA873、0X983e5c、-0x98L 等。
- 八进制：以 0 开头的一个或多个八进制数组成。八进制数字包括 0～7，如 0246、0376L、-0123 等。

（2）实型常量

Java 的实数也称为浮点数，分为单精度浮点数（float）和双精度浮点数（double）两种类型。实数只能采用十进制表示，有小数和指数两种形式。当一个实数很大或很小时，可以使用指数形式，其指数部分用字母 E（或 e）表示。要注意的是，e 或 E 前面必须有数字，而且 e 或 E 的后面必须为整数，如 0.4e2、-1.3E2f 等。

（3）布尔型常量

Java 中的布尔型（boolean）常量只有两个值：true 和 false，表示"真"和"假"两种状态。

（4）字符型常量

Java 语言使用 16 位的 Unicode 字符集。字符常量是由单引号括起的单个字符。如'a'，'6'，'我'，'M'，'&'等。字符常量是无符号常量，占 2 个字节的内存，每个字符常量表示 Unicode 字符集中的一个字符。Unicode 字符集不仅包括标准的 ASCII 字符集，还包括许多其他系统的通用字符集，如中文、拉丁文、法文、日文、韩文等，使 Java 的语言处理能力大大增强，为 Java 程序在基于不同语言的平台间实现平滑移植奠定了基础。

Java 也可以使用转义符表示一些有着特殊意义的字符（如回车符等），这些转义符如表 2-3 所示，它们也可以作为字符常量使用。

表 2-3　Java 转义符

转义符	Unicode 转义代码	含　　义
\n	\u000a	回车符
\t	\u0009	水平制表符
\b	\u0008	空格符
\r	\u000d	换行符
\f	\u000c	换页符
\'	\u0027	单引号
\"	\u0022	双引号
\\	\u005c	反斜杠
\ddd		ddd 为 3 位八进制数，值的范围为 000~377
\udddd		dddd 为 4 位十六进制数

除了字符常量之外，还有一种**字符串**常量。字符串常量由包括在一对双引号中的零个或多个字符组成，其中也可以使用转义符，例如 "ab c\t#de\n"。

（5）常量定义

Java 语言使用 **final 关键字**来定义一个常量，其语法为：

　　final 常量类型 常量名称 = 常量值；

常量名称一般使用大写字母。如：

　　final int N=20;

final 关键字表示最终的，它可以修改很多元素，在后面的内容中会逐一学习。

2. 变量

变量是在程序执行过程中其值可以变化的量。变量在内存中占据一定的存储空间，用于存储该变量的值。Java 是严格区分数据类型的强类型语言，要求在程序中使用任何变量之前必须先声明其类型，变量的主要使用方法如表 2-4 所示。

表 2-4 变量的使用及其示例

变量的使用	作 用	语 法 规 则	示 例
变量声明	创建变量	数据类型 变量名;	int age; float height; string userName;
变量初始化	声明的同时赋值	数据类型 变量名=初始值;	int age=25; float height=177.68f;
变量赋值	向内存空间中存储数据	变量名 = 值;	int age; age=25;
变量引用	获取内存空间中存储的数据	通过变量名使用变量值	System.out.println("年龄为: "+age);

【例 2-1】 变量的基本使用。本例结合基本数据类型，说明变量的基本使用。

```
public class BasicTypeDemo{
    public static void main (String args[ ]){
        byte a=120;
        short b=255;
        int c=2200;
        long d=8000;
        float f;
        double g=123456789.123456789;
        b=a;
        c=(int)d;     //强制性类型转换
        f=(float)g;   //导致精度的损失
        System.out.print("a= "+a);
        System.out.println("b= "+b);
        System.out.print("c= "+c);
        System.out.println("d= "+d);
        System.out.println("f= "+f);
        System.out.println("g= "+g);
    }
}
```

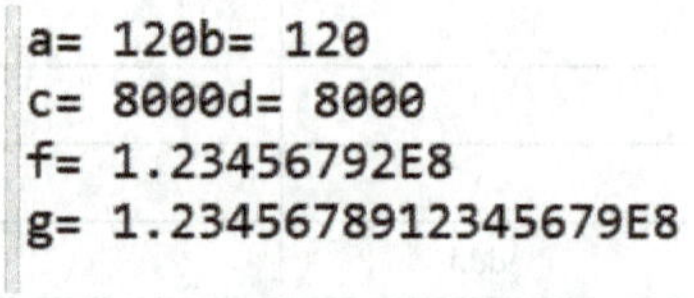

```
a= 120b= 120
c= 8000d= 8000
f= 1.23456792E8
g= 1.2345678912345679E8
```

图 2-2 【例 2-1】程序运行结果

程序运行结果如图 2-2 所示。

2.1.4 Java 中的运算符与表达式

Java 语言提供了丰富的运算符。按照所需运算数的数目来分类，运算符可以分为一元运算符（如++、!、-）、二元运算符（如+、*）和三元运算符（如?、:）；按照运算结果分类，运算符可以分为算术运算符、关系运算符、逻辑运算符、赋值运算符、条件运算符、位运算符等。

1．算术运算

算术运算用于完成数值计算。算术运算符的操作数必须是数值类型的常量、变量或返回值为数值类型的方法调用。Java 的算术运算符共有 8 个，它们的结合方向均为"从左到右"。Java 的基本算术运算符如表 2-5 所示。

表 2-5　Java 基本算术运算符

运算符	运算	表达式	示例	表达式值		优先级别
-	取反	-x	-5	-5		最高
*	乘	x*y	5*4	20	同级	高
/	除	x/y	5/2, 5/2.0	2, 2.5		
%	取余	x%y	5%3	2		
+	加	x+y	5+4.5	9.5	同级	低
-	减	x-y	5-3.2	1.8		

▶ 说明：

1）算术运算符的操作数不可以是 boolean 类型的，但可以是 char 类型的，因为 Java 中的 char 类型实质上是 int 类型的一个子集。

2）除法运算符 "/" 是二元运算符，如果它的两个操作数都是整型数据，则运算结果取整数商（即 5/2 的结果为 2）；如果两个操作数中有一个为实型数据，则运算结果取实数商（即 5.0/2 或 5/2.0 的结果为 2.5）。

3）取余运算符 "%" 也是二元运算，它的两个操作数必须为整型数据，其运算结果为两个整数相除的余数。

2. 自加自减运算

在 Java 中，将两个加号放在一起（++）称为 "自加运算符"，将两个减号放在一起（--）称为 "自减运算符"。自加自减运算符属一元（或单目）运算，其操作数只能为变量，用来完成变量增 1、减 1 的运算。例如：

++x 或 x++　　相当于 x=x+1
--x 或 x--　　相当于 x=x-1

这两个运算符都有两种使用方式。将运算符写在变量之前，通常称为 "前缀" 形式；运算符写在变量之后，通常称为 "后缀" 形式。对于 "前缀" 形式，表示 "x 先增 1（或减 1），再被引用"；而对于 "后缀" 形式，则表示 "先引用 x 的值，然后 x 再增 1（或减 1）"。

【例 2-2】　自加运算符和自减运算符的使用示例。

```
public class AutoIncDemo{
    public static void main(String[] args) {
        int    x =5;
        System.out.println ("x    :" +x);
        System.out.println ("++x:" +(++x));
        System.out.println ("x++:" + (x++));
        System.out.println ("x    :" +x);
        System.out.println ("--x:" + (--x));
        System.out.println ("x--:" + (x--));
        System.out.println ("x    :" + x);
    }
}
```

程序运行结果如图 2-3 所示。

```
x    :5
++x:6
x++:6
x    :7
--x:6
x--:6
x    :5
```

图 2-3　【例 2-2】程序运行结果

☞ 说明：

1）自加自减运算的操作数只能是变量，而不能是常量或表达式。例如，3++或++(a+b)都是错误的。

2）自加自减运算的结合方向是"从右到左"，其优先级别高于基本算术运算符。

3. 关系运算

关系运算也称为比较运算，用于比较两个表达式的大小。Java 提供了共 6 种关系运算符，如表 2-6 所示。

表 2-6 Java 关系运算符

算术运算符	运算	示例(a=23 b=16)	结果	优先级别	
==	等于	a == b	false	同级	低
!=	不等于	a != b	true		
>	大于	a > b	true	同级	高
<	小于	a < b	false		
>=	大于等于	a >= b	true		
<=	小于等于	a <= b	false		

☞ 说明：由关系运算符构成的表达式称为关系表达式，多用于控制结构的条件判断中。关系运算的结果为逻辑值 true（真）或 false（假）。

4. 逻辑运算

逻辑运算是对 true（真）或 false（假）的运算。逻辑运算符常用来表示一些复杂的关系运算。表 2-7 列出了 Java 的逻辑运算符。

表 2-7 Java 逻辑运算符

逻辑运算符	运算	示例	说明
!	非	!a	取反。若 a 为 true，则!a 为 false
& 或 &&	与	a & b 或 a && b	若 a 和 b 都为 true，则结果为 true，否则皆为 false
| 或 ||	或	a | b 或 a || b	若 a 和 b 都为 false，则结果为 false，否则皆为 true
^	异或	a^b	若 a 和 b 同值，则结果为 false，不同为 true

☞ 说明：

1）逻辑运算符的优先级别从高到低为 !、&(&&)、|（||）、^。

2）&和&&同是"与"运算，但 Java 在对其处理时是不一样的，使用 "&" 计算时，需要将 "&" 两侧的表达式的值都计算出来，然后再做"与"运算；而使用 "&&" 计算时，先计算 "&&" 左侧的表达式的值，如果为 false，则不再计算 "&&" 右侧表达式的值。

3）与前面相同，|和||同是"或"运算，当使用 "|" 计算时，需要将 "|" 两侧的表达式的值都计算出来，然后再做"或"运算；而使用 "||" 时，先计算 "||" 左侧的表达式的值，如果为 true，则不再计算 "||" 右侧表达式的值。

5. 赋值运算

变量赋值是通过赋值运算符（=）完成的，其语法格式为：

变量名 = 表达式；

其功能是"计算赋值运算符右边表达式的值，并把它赋值给左边的变量"。右边表达式的值可以是任何类型的，但左边必须是一个明确的、已命名的变量，而且该变量的类型必须与表达式值的类型一致。例如：

```
int m,k;
boolean f1;
m=17;   k=5;
f1=m>k;
```

由赋值运算符构成的表达式称为赋值表达式，赋值表达式本身也有明确的取值。Java 语言规定，**赋值表达式的值等于赋值运算符右侧表达式的值**。因此赋值表达式 m=17 的值为 17，k=5 的值为 5。

赋值运算符具有**右结合性**，表达式可以连续赋值。下面的表达式是合法的：

```
m=n=k=5;
```

上式可以理解为 m=(n=(k=5))，等效于

```
k=5;
n=k;
m=n;
```

执行完该语句后，m、n 和 k 的值都等于 5。

在普通赋值运算符"="之前加上其他运算符，就构成了复合赋值运算符（也称为扩展赋值运算符）。Java 提供的复合赋值运算符如表 2-8 所示。

表 2-8 Java 复合赋值运算符

运算符	意　　义	示　　例
+=	将左边的变量和右边的值相加后的值赋给左边的变量	a+=2; 相当于 a=a+2;
-=	将左边的变量和右边的值相减后的值赋给左边的变量	a-=2; 相当于 a=a-2;
*=	将左边的变量和右边的值相乘后的值赋给左边的变量	a*=b; 相当于 a=a*b;
/=	将左边的变量和右边的值相除后的值赋给左边的变量	a/=b; 相当于 a=a/b;
%=	将左边的变量和右边的值相除并取余后的值赋给左边的变量	a%=b; 相当于 a=a%b;
&=	将左边的变量和右边的值按位与后的值赋给左边的变量	a&=b; 相当于 a=a&b;
|=	将左边的变量和右边的值按位或后的值赋给左边的变量	a|=b; 相当于 a=a|b;
^=	将左边的变量和右边的值按位异或后的值赋给左边的变量	a^=b; 相当于 a=a^b;
>>=	将左边变量的值向右移动由右边的数值指定的位数后的值赋值左边的变量	a>>=3; 相当于 a=a>>3;
>>>=	将左边变量的值向右移动由右边的数值指定的位数后的值赋值左边的变量，左边空出的位以 0 填充	a>>>=3; 相当于 a=a>>>3;
<<=	将左边变量的值向左移动由右边的数值指定的位数后的值赋值左边的变量	a<<=3; 相当于 a=a<<3;

以"a+=2"为例，它相当于使 a 进行一次自加 2 的运算。即先使 a 加上 2，再将结果赋值给 a。同样的，"a*=b+5"的作用是将 a 乘以（b+5）后的值赋值给 a，即 a=a*(b+5)，而不能理解为 a=a*b+5，也就是说，要把复合赋值运算符右边的表达式作为一个整体来参与运算。采用这种复合赋值运算符，虽然简化了代码书写，但却为理解程序增加了难度，因此建议有限制地使用或适当地添加括号，以明确运算的先后次序。

6．条件运算

条件运算符（？：）是 Java 中唯一一个三元运算符，由它构成的表达式称为条件表达式，

其语法格式为：

    条件表达式？表达式 1：表达式 2

若"条件表达式"的结果为 true，则以"表达式 1"的值作为该条件表达式的值。若"条件尔表达式"的结果为 false，则以"表达式 2"的值作为该条件表达式的值。例如：

    int m=i<10 ? i*100 : i*10;

当 i 的值小于 10 时，m 的值为 i*100，i 的值大于或等于 10 时，m 的值为 i*10。

条件运算可以用来替代简单的 if-else 结构。

7．运算符的优先级

在一个表达式中往往存在多个运算符，此时要按照各个运算符的优先级及结合性进行运算。即首先运算优先级高的运算符，再运算优先级较低的，相同优先级的运算符要按照它们的结合性来决定运算次序。运算符的结合性决定它们是从左到右计算还是从右到左计算。Java 运算符的优先级如表 2-9 所示。

表 2-9　Java 运算符的优先级

优先级	运算符	说　　明	结合性
1	()	括号	
2	-(取负数)　!　~　++　--	一元运算	右—左
3	*　/　%	乘，除，取模	左—右
4	+　-	加，减	左—右
5	>>　<<　>>>	移位运算	左—右
6	>　<　>=　<=　instanceof	关系运算	左—右
7	==　!=	等于，不等于	左—右
8	&	按位与	左—右
9	^	按位异或	左—右
10	|	按位或	左—右
11	&&	逻辑与	左—右
12	||	逻辑或	左—右
13	?:	条件运算	右—左
14	=　*=　/=　%=　+=　-=　<<=　>>=　>>>=　&=　^=　|=	（复合）赋值运算	右—左

8．数据类型转换

当表达式中的数据类型不一致时，需要进行数据类型转换。类型转换的方法有两种：自动类型转换和强制类型转换。

（1）自动类型转换

不同数据类型在程序运行时所占用的内存空间不同，因此每种数据类型所容纳的信息量也不同。当把一个容纳信息量小的类型转换为一个容纳信息量大的类型时，数据本身的信息不会丢失，这种转换是安全的，此时编译器将自动完成类型转换工作，这种转换被称为自动类型转换。

转换规则为：

- （byte 或 short）op int → int
- （byte 或 short 或 int）op long → long

- （byte 或 short 或 int 或 long）op float→ float
- （byte 或 short 或 int 或 long 或 float）op double→ double
- char op int→ int

其中，箭头左边表示参与运算的数据类型，op 为运算符（如+、-、*、/等）；箭头右边表示转换后的数据类型。自动类型转换规则可归纳为：**向高看齐**。

【例 2-3】 自动类型转换的应用。

```
public class PromotionDemo {
  public static void main( String args[ ] ){
    byte b=10;
    char c='a';
    int i=90;
    long l=555L;
    float f=3.5f;
    double d=1.234;
    float f1=f*b;      //float * byte -> float
    int i1=c+i;        //char + int -> int
    long l1=l+i1;      //long + int ->ling
    double d1=f1/i1-d; //float / int ->float, float - double -> double
  }
}
```

（2）强制类型转换

将高精度数据转换成低精度数据时，需要用到强制类型转换。即把一个容纳信息量较大的数据类型向一个容纳信息量较小的数据类型转换时，可能面临信息丢失的危险，此时必须使用强制类型转换。强制类型转换的形式为：

(类型)表达式(或变量名)

例如，下面是一个基本数据类型转换的例子：

```
void casts() {
  int    i = 200;
  long   j = 8L;
  long l = i;      //自动类型转换
  i = (int) j;     //强制类型转换
}
```

Java 允许基本数据类型之间的相互转换，但布尔类型（boolean）除外，它不允许进行任何数据类型转换。对于引用数据类型，类型转换只存在于有继承关系的类中，这将在以后的内容中说明。

视频 2-2

2.1.5 数据基本输入输出

数据基本输入输出，即数据的标准输入输出，在 Java 中也被称为控制台输入输出。Java 使用 System.out 表示标准输出设备，System.in 表示标准输入设备。

1. 标准输入

标准输入即将数据通过键盘输入到程序中。在 Java 中，要完成数据的键盘输入，一种比较简单的方法是借助系统提供的工具类 Scanner。先构造一个 Scanner 类的对象，然后通过该对象调用 Scanner 类的不同方法来完成各种类型数据的输入。例如：

Scanner in = new Scanner(System.in);

然后可以调用 Scanner 类中的方法，实现输入数据的操作。下面列出的是 Scanner 类的常用数据输入方法。

```
Next()          //输入一个单词(中间无空格符)
nextLine()      //输入一行字符（中间可以包含空格符）
nextInt()       //输入一个整数
nextDouble()    //输入一个浮点数
```

☞ 说明：Scanner 类定义在 Java.util 包中，在编写程序时，要在程序的最开始处加入 import java.util.Scanner;语句，将 Scanner 类导入。

【例 2-4】 询问用户的姓名和年龄，然后打印一条如下格式的信息：
Hello,×××. Next year,your'll be××years old.

```java
import java.util.Scanner;
public class InputTest {
    public static void main(String[] args){
        Scanner in = new Scanner(System.in);
        System.out.println("What is your name?" );
        String name = in.nextLine();        //读取用户的名
        System.out.println("How old are you?" );
        int age = in.nextInt(); //读取用户的年龄
        in.close();
        //输出信息
        System.out.print("Hello, " + name + ". " );
        System.out.println("Next year, you'll be " + (age + 1)+"yearsold." );
    }
}
```

2．标准输出

标准输出也称为基本输出，即将程序处理后的数据在显示器上展示给用户。在 Java 中，若程序运行时需要通过显示器输出数据，则需要使用 Java 提供的输出流功能。其常用的主要方法是通过 System.out 调用 println()或 print()方法。这两种方法的区别在于：print()方法在输出括号里指定的数据后就结束，而不添加换行符，光标停留在输出内容最后一个字符的右边，而 println()则添加换行符，光标停在下一行的开头位置。【例 2-4】中的输出就是这两个方法的典型应用。

☞ 提示：利用 System.out.printf()也可以对输出内容进行格式化。格式化以%符号开头，用相应的参数搭配替换内容，格式化字符的含义也与 C 语言相似。

【例 2-5】 常用格式化输出应用示例。

```java
public class PrintfDemo {
    public static void main(String[] args) {
        System.out.printf("我是%s,性别 %c,今年%d 岁%n", "小新", '男', 18);
```

```
            //%s 格式化字符串,%c 格式化字符
            //%d 格式化整数（十进制）%n 换行与\n 相同,
        System.out.printf("我的名字是：%s\n", "小新");
        System.out.printf("小新今年%d 岁%n", 18);
        System.out.printf("八进制数字%o%n", 63);  //%o 格式化整数（八进制）
        System.out.printf("十六进制数字 %x%n", 255);
            //%x 格式化整数（十六进制）
        System.out.printf("输出字符%c%n", 97);
        System.out.printf("输出字符%c%n", 'a');
        System.out.printf("布尔值%b%n", true);       //%b 格式化布尔值
        System.out.printf("浮点型数据%f%n", 1.555);//%f 格式化浮点型
        System.out.printf("保留两位小数%.2f",1.2555);
            //%.2f 为保留两位小数(会四舍五入)
    }
```

【任务实施】

"学生基本信息处理"任务实施步骤如下。

1）变量声明：将学生的每一项信息声明为一个变量，根据信息的实际内容确定变量名及类型。

2）键盘输入信息（或给变量赋值）。

3）根据需要完成数据处理。

4）输出学生信息。

程序源代码请扫描二维码下载。

运行该程序代码，体验数据的定义、输入及输出。

任务 2-1

【同步训练】

设计程序实现对任意两个整数的加、减、乘、除，并输出运算结果。

工单 2-1

任务 2.2 学科成绩处理

【任务分析】

在学生成绩处理中经常需要根据考试分数确定成绩的等级，即：优、良、中、不及格，这就需要先对成绩进行逻辑判断，然后再给出相应等级，实现这类任务就需要用到程序设计的选择结构（分支结构）。

【基本知识】

视频 2-3

2.2.1 程序设计的基本结构

程序设计的三种基本结构包括顺序结构、选择（分支）结构和循环结构。每个基本结构都

包含一个入口和一个出口，三种基本结构的执行流程如图 2-4 所示。

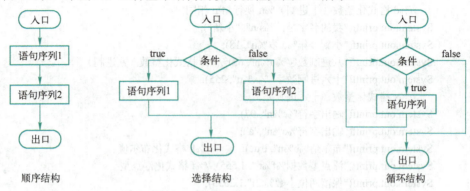

图 2-4　程序设计的三种基本结构

顺序结构：顺序结构表示程序中的各语句是按照它们的书写顺序先后执行的。

选择结构：选择结构也称为分支结构，表示程序的处理步骤出现了分支，它需要根据某一特定的条件选择其中的一个分支执行。

循环结构：循环结构表示程序反复执行某个或某些操作，直到某条件为假时才终止循环。

实现选择结构、循环结构的语句统称为**流程控制语句**，这些语句的作用就是控制程序中语句的执行顺序。Java 中的流程控制语句主要包括以下三类。

- 选择语句：if else，switch。
- 循环语句：while，do while，for。
- 其他流程控制语句：break，continue，return。

2.2.2　if 选择结构

if 选择结构有两种基本形式，即 if 形式和 if else 形式。

1. if 形式

语法格式：　if (条件表达式)
　　　　　　　语句序列;

执行流程：当条件表达式的值为 true（真）时执行"语句序列"，否则执行 if 结构后面的语句。例如：

```
if (a>b) {
    b=a;
}
```

2. if else 形式

语法格式：　　if (条件表达式)
　　　　　　　　语句序列 1;
　　　　　　　else
　　　　　　　　语句序列 2;

执行流程：当条件表达式的值为 true（真）时执行"语句序列 1"，否则执行"语句序列 2"。

例如：

```
if (a>b) {
    b=a;
}
else {
    b=0;
}
```

☞ **说明**：以上 if 结构中的各"语句序列"可以是一条语句，也可以是复合语句（用一对大括号括起来的多条语句）；"条件表达式"可以是任何布尔类型的表达式。

【例 2-6】 求三个数中的最大数，即通过键盘任意输入三个整数，输出其中的较大者。

```
import java.util.Scanner;
public class MaxNumberDemo {
    public static void main(String args[])    {
        int a,b,c,max;
        Scanner in=new Scanner(System.in);
        System.out.println("请输入三个整数：");
        a=in.nextInt();
        b=in.nextInt();
        c=in.nextInt();
        if (a>b) {
            max=a;
        }
        else {
            max=b;
        }
        if (max<c) {
            max=c;
        }
        System.out.println("最大数："+max);
    }
}
```

在书写程序时，为了表示出分支语句的结构和层次关系，应采用缩进的书写形式。

3．if 语句的嵌套

if 语句的嵌套是指一个 if 语句的 if 子句或者 else 子句的执行对象中又包含了 if 语句。使用 if 语句的嵌套时需要注意的是：一个 else 子句总是与和它在同一个块中并且离它最近的 if 子句匹配，也可以通过使用大括号{}来改变匹配关系。如：

```
if (i == 10) {
    if (j < 20)    a = b;
    if (k > 100)   c = d;
    else    a = c;
}
else    a = d;
```

☞ 说明：最后一个 else 语句不是与 if（j<20）相匹配，因为它们不在同一个块中（尽管 if（j<20）语句是离它最近且没有 else 配对的 if 语句）。最后一个 else 语句对应着 if（i==10）。内部的 else 语句对应着 if（k>100），因为它是同一个块中最近的 if 语句。

if 语句的嵌套格式是多种多样的，其中比较典型的一种嵌套结构被称为 if-else-if 阶梯。它的语法格式为：

```
if  (条件表达式 1)
   语句序列 1;
else if(条件表达式 2)
   语句序列 2;
else if(条件表达式 3)
   语句序列 3;
……
else
   语句序列 N;
```

各条件表达式从上到下依次被求值。一旦找到为真的条件表达式，就执行与该条件表达式相关的语句序列，最后的 else 语句经常用作为默认的条件，即如果所有的条件都为假，就执行最后的 else 子句。如果没有最后的 else 子句，而且所有其他的条件都为假，那程序就不做任何动作。

【例 2-7】通过使用 if-else-if 阶梯来编写程序，确定某个月分属于哪个季节，即输入月份，输出其所在季节。

```java
import java.util.Scanner;
class IfElseDemo {
    public static void main(String args[]) {
        Scanner in=new Scanner(System.in);
        System.out.println("请输月份：");
        int month = in.nextInt();    //输入月份
        String season;
        if (month == 12 || month == 1 || month == 2)
            season = "冬季";
        else if (month == 3 || month == 4 || month == 5)
            season = "春季";
        else if (month == 6 || month == 7 || month == 8)
            season = "夏季";
        else if(month == 9 || month == 10 || month == 11)
            season = "秋季";
        else
            season = "月份输入错误！";
        System.out.println(month +"月，属于 " + season + "。");
    }
}
```

请注意本程序中 if else 结构的使用。

2.2.3 switch 选择结构

解决多分支结构的问题时，可以使用 if 语句的嵌套形式，但是如果嵌套的层数太多，即使用 if-else-if 阶梯也会使程序变得复杂和难以理解，而且容易产生错误。为此，Java 提供了一条专门用于**多分支选择**的语句——switch 语句，以便实现从多条分支中选择一条进行执行。switch 语句的语法格式：

```
switch (表达式) {
    case value1:
        语句序列 1;
        break;
    case value2:
        语句序列 2;
        break;
    ......
    case valueN:
        语句序列 N
        break;
    default:
        语句序列 N+1;
}
```

其中，"表达式"必须为整型、字符型或字符串型。每个 case 子句后的 value 值必须是与"表达式"类型兼容的一个特定常量，各个 case 子句的 value 值不允许重复。每个 case 子句中的 break;语句和 default 子句都可以缺省。

☞switch 语句的执行过程：

1) 首先计算"表达式"的值。

2) 将"表达式"的值依次与各 case 子句的 value 值进行比较，一旦有匹配的值，则执行该 case 子句中的语句序列，并将此 case 子句作为入口一直顺序执行下去，直到遇到 break;语句或 switch 语句结束。

3) 如果没有一个 case 子句的 value 值与"表达式"的值相匹配，则执行 default 子句，若没有 default 子句，则不执行任何语句。

【例 2-8】 用 switch 语句重写【例 2-7】。

```
import java.util.Scanner;
class SwitchDemo{
    public static void main(String args[]) {
        Scanner in=new Scanner(System.in);
        System.out.println("请输入月份：");
        int month = in.nextInt();    //输入月份
        String season;
        switch (month) {
            case 12:
```

```
            case 1:
            case 2:
                season = "冬季";
                break;
            case 3:
            case 4:
            case 5:
                season = "春季";
                break;
            case 6:
            case 7:
            case 8:
                season = "夏季";
                break;
            case 9:
            case 10:
            case 11:
                season = "秋季";
                break;
            default:
                season = "月份输入有误！";
        }
        System.out.println("April is in the " + season + ".");
    }
}
```

☞ 说明：

1）switch 语句仅能用于判断与某个确定值相等的情况，即 switch 语句只能在各个 case 子句的常量中寻找与表达式值相匹配的值。而 if 语句可计算任何类型的布尔表达式。

2）在同一个 switch 语句中不能出现两个相同的 case 常量，case 常量的顺序不影响 switch 语句的执行。

3）switch 语句也可以嵌套，外部 switch 语句中的 case 常量可以和内部 switch 语句中的 case 常量相同，而不会产生冲突。

任务 2-2

【任务实施】

通过键盘输入学生成绩，输出对应等级：不低于 90 分为优秀、低于 90 分但不低于 75 分为良好，低于 75 分但不低于 60 分为中，低于 60 分为不及格。

本任务属多分支结构情况，使用 switch 语句实现比较简洁，程序源代码请扫描二维码下载。读者也可以尝试用 if 语句的嵌套实现，并对两种实现方法进行比较。

【同步训练】

工单 2-2

设计程序，根据输入的运算符（+、-、*、/）实现对任意两个整数的运算，并输出运算结果，当进行除法运算时要判断除数是否为零。

任务 2.3　班级成绩统计

【任务分析】

为了考查同学们对课程内容的掌握情况，希望对班级成绩按优、良、中、不及格四个等级分别统计学生人数。若要完成些任务，则需要对每位同学的成绩进行分析判断并进行统计，程序中需要重复同样的操作若干次，这类程序就应该使用**循环结构**去实现。

【基本知识】

循环语句的作用是重复执行一段程序代码，直到循环条件不再成立为止。被重复执行的语句称为**循环体**。Java 提供的循环语句有 **while** 语句、**do while** 语句和 **for** 语句三种。

2.3.1　循环结构实现

Java 中三种循环语句的语法格式及执行过程如表 2-10 所示。

视频 2-4

表 2-10　循环语句的语法格式及执行过程

循环语句	语法格式	执行过程	应用举例

while
循环语句
	while (条件表达式) {
	　　循环体语句;
	}
		（流程图：条件表达式为 true 时执行循环体语句，false 时退出）	int n=1;
			while(n<=10){
			　System.out.print("加油！ ");
			　n++;
			　}

do while
循环语句
	do{
	　　循环体语句
	}while(条件表达式);
		（流程图：先执行循环体语句，再判断条件表达式，true 时继续循环，false 时退出）	int n=1;
			do{
			　System.out.print("加油！ ");
			　n++;
			}while (n<=10);
			//无论循环条件成立与否，循环体语句至少执行一次

循环语句	语法格式	执行过程	应用举例

for 循环语句	for(表达式 1; 表达式 2; 表达式 3) {
	　循环体语句;
	}
	根据三个表达式的不同作用，for 语法格式也可以描述为：
	for(循环变量赋初值;循环条件;循环变量增量) {
	　循环体语句
	}
		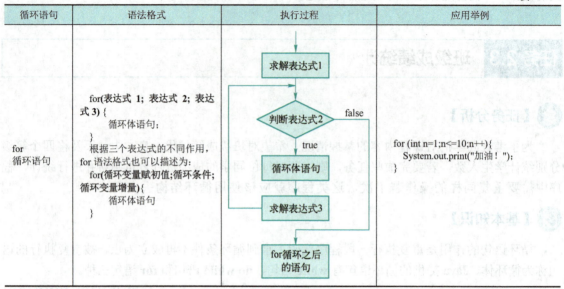	for (int n=1;n<=10;n++){
			　System.out.print("加油！ ");
			}

【例 2-9】 分别用 while、do while、for 三种循环语句计算 1+2+3+…+100，比较三种循环语句的使用。

```
//while 循环语句
class WhileDemo{
    public static void main(String args[]) {
        int i = 1;              //初始化循环变量 i
        int s=0;                //初始化累加求和变量 s
        while(i <= 100) {
            s=s+i;              //累加求和
            i++;                //迭代，变更循环条件
        }
        System.out.println("1+2+3+…+100 之和为: "+s);
    }
}
//do while 循环语句
class DoWhileDemo{
    public static void main(String args[]) {
        int i = 1;              //初始化循环变量 i
        int s=0;                //初始化累加求和变量 s
        do {
            s=s+i;              //累加求和
            i++;                //迭代，变更循环条件
        } while(i<=100);
        System.out.println("1+2+3+…+100 之和为: "+s);
    }
}
//for 循环语句
class ForDemo{
    public static void main(String args[]) {
```

```
            int i,s;                    //变量声明
            for (i=1,s=0;i<=100;i++){
                    s=s+i;              //累加求和
            }
            System.out.println("1+2+3+…+100 之和为: "+s);
        }
    }
```

☞ 说明：

1）三种循环语句中 for 循环语句是一个结构紧凑且应用灵活的循环语句，其中的三个表达式均可省略；但分号不能省略。for 语句的以下几种写法在语法上都是正确的。

　　for (;循环控制条件;迭代)
　　for (初始化;;迭代)
　　for (;;迭代)
　　for (初始化;;)
　　for (;循环控制条件；)
　　for (;;)

2）设计循环结构程序时，一定注意循环条件的设置，避免死循环（循环无限次执行）的发生。

【例 2-10】 假设一张足够大的纸，厚度为 0.5mm。问对折多少次以后，可以达到珠穆朗玛峰的高度？（珠穆朗玛峰 2020 年测试高度为 8848.86m，此次测量采用北斗卫星和人工测量方式，测量精度达到毫米级别）

```
    class Times{
        public static void main(String args[]) {
            int n=0;                    //声明计数器变量
            double h=0.5;               //声明循环控制变量
        for( ;h<=8848.86;n++,h*=2) {
                ;                       //循环体为空
            }
            System.out.println("需要对折"+n+"次。");
        }
    }
```

以上代码也可以用 while 或 do while 语句改写。

2.3.2 循环嵌套

在一个循环体语句中又包含另一个循环语句，称为循环嵌套。内嵌的循环中还可以再嵌套循环，这就是多层循环。例如，下面计算 1!+2!+…+9!+10!值的程序段就使用了循环语句的嵌套。

```
        ……
        long sum=0;
        for(int i=1; i<=10; i++)    {   //外循环开始，控制变量为 i
            long m=1;                   //外循环局部变量 m
            for(int j=1;j<=i;j++)   {   //内循环开始，j 为内循环控制变量
```

```
            m*=j;                            //内循环功能为求当前 i 的阶乘
        }                                    //内循环结束，j 消失
        sum+=m;                              //将当前 i 的阶乘值进行累加
    }                                        //外循环结束，i 和 m 消失
    System.out.println("1!+…+10!="+sum);
……
```

三种循环（while、do while、for）都可以嵌套而且可以相互嵌套。在循环的嵌套使用中，一定注意嵌套层次的关系，防止各层次间出现交叉套叠的情况。规范使用代码的缩进书写形式，可清楚地表达嵌套的层次关系。

【例 2-11】 打印九九表，形如：

```
1*1=1
1*2=2   2*2=4
1*3=3   2*3=6   3*3=9
……
public class JiuJiuBiao {
    public static void main(String[] args) {
        int i,j;
        for (i=1;i<=9;i++){
            for(j=1;j<=i;j++){
                System.out.print(j+"*"+i+"="+i*j);
            }
            System.out.println();
        }
    }
}
```

本程序使用了两层循环，外循环控制行，内循环处理一行的数据。

2.3.3　其他程序流程控制语句

除选择结构和循环结构语句外，还有三种流程跳转语句：break、continue 和 return。这些语句也能够改变程序执行的流程。

1. break 语句

在 Java 中，break 语句可用于 switch 引导的分支结构以及以上 3 种循环结构，用来强制跳出 switch 语句或终止循环。

在循环语句中，break 语句可直跳出循环体语句，终止循环语句的执行，继续执行循环结构后面的语句。在循环体中，break 语句一般要与 if 语句配合使用，其语法格式如下：

```
if(条件表达式){
    ...
    break;
}
```

【例 2-12】 利用 break 语句终止循环。

```
class BreakLoopDemo1{
```

```java
public static void main(String args[]) {
    for(int i=0; i<100; i++) {
        if(i == 10) break;              //i 为 10 时终止循环
            System.out.println("i: " + i);
    }
    System.out.println("循环结束.");
}
```

程序中尽管 for 语句的循环体被设计为重复执行 100 次，但是当 i==10 的条件满足时，break 语句就终止了 for 循环。

break 同样可以用于 while 语句和 do while 语句，将【例 2-12】用 while 或 do while 语句改写一下，会得到同样的输出结果。

2．continue 语句

continue 语句只能出现在循环体语句中，作用是跳过当前循环中 continue 语句以后的循环体语句，直接开始下一轮循环。continue 语句一般也要与 if 语句配合使用，其语法格式如下。

```
if(条件表达式){
    ...
    continue;
}
```

在 for 循环结构中，当程序执行到 continue 语句时，忽略循环体中后面的语句，直接跳到**表达式 3** 执行，然后开始下一轮循环。在 while 和 do while 语句中，执行到 continue 语句时，马上转去执行循环控制表达式语句，从而开始下一轮循环。

【例 2-13】 输入一组数据，输出其中的负数。若输入 0，则结束循环。

```java
import java.util.Scanner;
class ContinueDemo{
    public static void main(String[] args) {
        int data;
        Scanner in = new Scanner(System.in);
        System.out.print("请输入一组整数：");
        while (true) {
            data = in.nextInt();
            if (data==0)   break;
            else if (data>0)   continue;
                else System.out.println(data);
        }
    }
}
```

程序中，break 语句用于终止循环，结束程序，而 continue 语句则是终止了本次循环体语句的执行，返回到循环的开始处重新接收数据。

3．return 语句

Java 中的 return 语句总是用在方法中。return 语句可以使程序流程从当前方法中退出，返回到调用该方法的语句处，继续程序的执行。return 语句有以下两种格式。

  return 表达式；
  return;

第一种格式返回一个值给调用该方法的语句，返回值的数据类型必须与方法声明中的返回值类型一致。

第二种格式使程序流程返回到被调用处，不返回任何值，一般用于方法说明中用 void 声明返回类型为空的情况。

2.3.4 循环结构应用

【例 2-14】 设计程序，模拟登录系统的密码验证过程，允许用户最多输入三次密码，若三次都不正确，则不允许登录。

```java
import java.util.Scanner;
public class Login {
    public static void main(String[] args) {
        Scanner input = new Scanner(System.in);
        String password = "";
        int n=0;
        do {
            n++;
            if (n>3) {
                break;
            }
            System.out.println("请输入密码：");
            password = input.next();
        } while (!password.equals("adm123"));//内置密码：adm123
        if (n>3) {
            System.out.println("密码三次输入错误，您无权登录系统！");
        }
        else {
            System.out.println("密码输入正确，登录成功！");
        }
    }
}
```

☞ 说明：输入三次密码都不正确，使用 break 退出循环。

【例 2-15】 求 3～100 间的所有素数。

```java
class Primenumber{
    public static void main(String args[]){
        System.out.println("**3～100 间的所有素数**");
        int n=0;
```

```
            for (int i=3;i<=100;i++){              //外层循环
                int k=(int)Math.sqrt(i);
                int  isPrime=1;
                for (int j=2;j<=k;j++){            //内层循环
                    if(i%j==0)    isPrime=0;
                }
                if (isPrime!=0){
                    System.out.print(" "+i);
                     n++;
                   if(n%10==0)   System.out.println();
                }
            }
        }
    }
```

该程序结构是一个二重循环，内层循环判断数据 i 是否为素数，如果不是素数，则将 isPrime 的值赋为 0；外层循环使得数据 i 从 3 变化到 100。两层循环配合就求出了 3~100 之间的所有素数。

【例 2-16】 求 Fibonacci 数列：1,1,2,3,5,8,…的前 20 个数。

这是一个递推问题，该数列可以用一个通式表示为：

$f_1=1$ ($n=1$)

$f_2=1$ ($n=2$)

$f_n=f_{n-1}+f_{n-2}$ ($n \geqslant 3$)

程序如下：

```
public class Fibonacci{
    public static void main(String args[]){
        System.out.println("**Fibonacci 数列的前 20 个数为：**");
        long   f1=1,f2=1;
        for(int i=1; i<=10 ;i++){
            System.out.print(f1 +" "+f2);          //每次输出两个数
            if (i%5==0)   System.out.println();    //每行输出 10 个数
            f1=f1+f2;
            f2=f2+f1;
        }
    }
}
```

运行结果为：

  1   1   2   3   5   8   13   21   34   55
  89   144   233   377   610   987   1597   2584   4181   6765

【任务实施】

对全班同学的成绩进行分类统计，编写程序之前要确定以下三个要素。

1）循环条件：根据学生人数确定循环次数。

2）循环体：对每位同学的成绩进行分析判断并进行分类统计。

3）循环控制：设置循环变量，控制循环次数。

假设班级有 40 名同学，可使循环变量在 1~40 中取值，控制循环结构的执行，具体程序代码请扫描二维码下载。

该任务也可以用 while 或 do while 语句完成。

【同步训练】

设计简易计算器，完成对任意两数的加、减、乘、除运算，且可以进行反复运算，直到选择退出程序。程序运行界面如图 2-5 所示。

工单 2-3

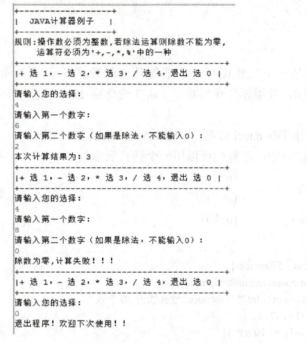

图 2-5 程序运行界面

任务 2.4　班级学生成绩分析处理

【任务分析】

期末考试结束之后，需要对学生成绩进行全面的总结分析，其中包括统计每一门课程的班级平均成绩、成绩排名及每位同学的成绩统计等。

进行这类班级成绩分析，首先需要将所有学生的各科成绩进行存储，然后才能进行统计分析处理，要存储这种大批量的数据就需要使用一种新的数据存储方式——**数组**。

【基本知识】

数组是有限个具有相同类型的数据的有序集合，每个数组有固定的长度，在内存中占一片连续的存储空间。数组中的数据称为数组元素,每个数组元素用数组名和下标来唯一地标识,下标就是数组元素在数组中的位置(即序号)。根据数组下标的个数,数组分为一维数组、二维数组和多维数组。

在 Java 语言中,数组被当作一个对象处理,是一种引用数据类型。

视频 2-5

2.4.1 一维数组的创建及使用

一维数组相当于一个数列。在 Java 语言中,数组也要遵循"先声明、后使用"的原则。声明数组时需要定义数组的名称、维数和数组元素的类型。

1. 一维数组的声明

声明一维数组的语法格式如下。

  数据类型 数组名[ ];

或

  数据类型[ ] 数组名;

其中,数组元素的数据类型可以是基本类型,也可以是引用类型。数组名必须是一个合法的标识符。例如,要保存一批学生的成绩,可以声明一个名为 score、元素类型为 float 的数组,定义方式为:

  float score[ ];

或

  float[ ] score;

Java 在声明数组时,只是建立了一个数组的引用,此时并没有为数组元素分配内存空间。

2. 一维数组的创建

在进行了数组声明之后,使用 new 操作符创建数组,为数组分配存储空间后,数组才真正占用了一片连续的内存单元,数组的长度在此时被确定。创建数组的语法格式如下。

  数组名 = new 数组类型[数组长度];

例如:

  score = new float [10];//创建含 10 个元素的实型数组

可以将声明数组和创建数组两个步骤合在一起,用一条语句来实现,其语法格式为:

  数据类型 数组名[ ]=new 数据类型[数组长度];

或

  数据类型[ ] 数组名=new 数据类型[数组长度];

例如:

  float score [ ] = new float[10]; //创建数组

数组一旦创建以后，就有了确定的长度，数组中各元素通过下标来标识，下标从 0 开始，最大下标值为数组长度减 1。对于 score 数组，系统为该数组的 10 个元素分配空间，10 个元素分别为 score[0]、score[1]、score[2]、……、score[9]。如果数组元素的类型是基本数据类型，数组元素都自动初始化为默认值。数组存储格式如图 2-6 所示。

score[0]	0.0
score[1]	0.0
score[2]	0.0
score[3]	0.0
score[4]	0.0
score[5]	0.0
score[6]	0.0
score[7]	0.0
score[8]	0.0
score[9]	0.0

3．数组初始化

和简单变量一样，数组也可以进行初始化。在声明数组的同时给数组赋予初值。其语法格式如下：

  元素类型 数组名[]={初值表};

或

  元素类型[] 数组名={初值表};

此时，系统会自动按所给初值的个数计算出数组的长度并分配相应的空间，并把初值存入各元素所占用的内存单元。例如：

图 2-6　数组存储格式

  float score[ ] = {81,62,43,84,85,96,67,78,69,90};
  int intArray[]={2, 4, 6, 8};
  char[] chrArray={'A','B','C'};

☞ **注意**：对于一个已经分配了存储空间的数组，其长度是不能再被改变的。

4．一维数组元素的访问

在 Java 语言中，对数组的访问只能通过数组元素进行，数组元素的引用格式为：

  数组名[下标]

其中，下标可以为整型常数或整型表达式，如 a[3]，b[i](i 为整型)，score[2*i]等。

在实际应用中，经常通过循环来控制对数组元素的访问，访问数组的下标随循环控制变量的变化而变化。

【例 2-17】求 30 个学生的平均成绩。

```java
import java.util.Scanner;
public class Average{
public static void main(String args[]) {
float score[]=new float[30];
    int x;
    float sum=0;
    Scanner in = new Scanner(System.in);
    System.out.print("输入 30 个学生的成绩：");
    /*  以下输入 30 个学生的成绩并存入数组 score 中  */
    for (int k=0;k<30;k++)
        score[k] = in.nextFloat(); //将成绩存入数组
    /*  以下计算平均成绩  */
    for (int k=0;k<30;k++)
```

```
            sum+=score[k];
      System.out.println("平均成绩为："+sum/30);
   }
}
```

☞ **说明**：在该程序中给数组输入数据和计算平均成绩分别用两个循环来处理。

5．利用 for 增强语句遍历数组

for 增强语句也称为 for each 循环，基本语法格式为：

   for（<迭代变量声明>:<数组名>）{
         语句；
   }

例如，对【例 2-17】中数组 score 的访问，可使用如下语句。

   for（float m:score）{
         System.out.println(m);
   }

该循环输出 score 数组中的所有元素。

6．数组长度属性及常用操作

（1）数组长度属性

数组作为对象，所有的数组都有一个属性 **length**，表示数组的长度，使用方法为：

   数组名.length

例如：

   int[ ] num=new num[10];

则 num.length 的值为 10。

访问数组元素时，下标取值范围为从 0 至**数组名.length-1**，如果下标超出范围，则运行时将产生"数组访问越界异常"。

（2）数组工具类 Arrays

Java 系统提供了一个工具类 Arrays，该类提供用于数组操作的各种方法。如对数组的排序和查询等操作可直接调用 Arrays 中的相应方法完成。如：

   Arrays.sort(数组名);   //实现对指定数组的排序（升序）
   Arrays.binarySearch(数组名，关键字)   //在数组中查询指定关键字

binarySearch()方法采用二分查找法，所以要求数组元素必须有序排列。如果数组中包含关键字，则返回一个正数；否则返回一个负数。

【**例 2-18**】 产生 20 个 100 以内的随机整数，对其进行排序并输出，查找其中是否包含数值 85。

```
import java.util.Arrays;          //导入数组工具类 Arrays
import java.util.Random;          //导入产生随机数的类 Random
public class ArrayDemo {
```

```java
public static void main(String[] args) {
    int  num[] =new int[10];
    Random random = new Random();           //创建随机数对象
    for (int i=0;i<num.length;i++) {
        num[i]= random.nextInt(100);        //获取 100 以内的随机整数
        System.out.print(num[i]+"\t");
    }
    Arrays.sort(num);                       //对数组进行排序
    System.out.println("\n 排序之后----------------");
    for (int i=0;i<num.length;i++) {
        System.out.print(num[i ]+"\t");
    }
    if (Arrays.binarySearch(num,85)>0) //查找关键字 85
        System.out.println("\n 数组中包含关键字：85");
    else
        System.out.println("\n 数组中不包含关键字：85");
}
```

【例 2-19】 有一个整数数组，其中存放着序列 1,3,5,7,9,11,13,15,17,19。请将该序列逆序存放并输出。

将一个数组中的元素逆序存放，就是先将数组中的第一个元素与最后一个元素交换，再将第二个元素与倒数第二个元素交换，以此类推，共交换（数组长度/2）次即可，程序如下。

```java
public class Back{
    public static void main(String args[]){
        int a[]={1,3,5,7,9,11,13,15,17,19};
        int t;
        System.out.println("数组的初始状态为：");
        for(int i=0;i<a.length;i++)
            System.out.print("   "+ a[i] );
        System.out.println();
        for(int i=0;i<a.length/2;i++){
            t=a[i];
            a[i]=a[a.length-i-1];
            a[a.length-i-1]=t;
        }
        System.out.println("数组逆序存放后的初始状态为：");
        for(int i=0;i<a.length;i++)
            System.out.print("   "+ a[i] );
    }
}
```

2.4.2 二维数组的创建及使用

二维数组常用于表示一张二维表格。Java 中，二维数组可看作由一维数组组成的数组，即二维数组中每个元素又是一个一维数组。

和一维数组的创建过程一样，二维数组可以先声明再创建，也可以在声明的同时进行创建。

声明二维数组的语法格式：

数据类型　数组名[ ][ ];

或

数据类型[ ][ ]　数组名;

其作用是仅声明一个二维数组，并不为其分配存储空间。

例如：

  int a[ ][ ];
  float array[ ][ ];

创建二维数组则可以用以下多种方式完成。

（1）同时为二维数组的行和列分配存储空间

基本语法格式：

数据类型[ ][ ]　数组名=new 数据类型[行数][列数];

例如：

  int[ ][ ] a=new int[3][4];　　//创建一个 3 行 4 列的整型二维数组

（2）先指定二维数组的行数，再分别为每一行指定列数

例如：

  int a[ ][ ]=new int[3][ ];
  a[0]=new int[4];
  a[1]=new int[4];

Java 中，二维数组中每一行的元素个数可以不同，如：

  int b[][] = new int[3][];
  b[0] = new int[3];
  b[1] = new int[2];
  b[2] = new int[4];

（3）通过初始化创建二维数组

例如：

  int arrayA [][]={{1,2,3},{4,5,6},{7,8,9}};//创建 3 行 3 列的二维数组

此时，系统会自动按初值表中的数据个数计算出数组的长度并分配相应的空间。该例中二维数组 arrayA 由 3 个一维数组组成，每个一维数组的长度都是 3。

再如：

  int arrayB [][]={{1,2,3,4},{5,6},{7,8,9},{10,11}};

创建了一个不规则的二维级数，共 4 行，每个的元素个数分别为 4、2、3、2。

二维数组中各元素通过两个下标来区分，每个下标的最小值为 0，最大值为行数或列数减

1。二维数组元素访问格式：

数组名[行下标][列下标]

如：arrayA[i][j]表示第 *i* 行第 *j* 列的元素。

二维数组也具有 length 属性，数组名.length 表示二维数组的行数，数组名[行下标].length 则表示该行的列数。

在实际应用中，需要通过二重循环来控制对数组元素的访问。

【例 2-20】 二维数组的定义、初始化及输出。

```
public class MulArray{
  public static void main(String args[]) {
    int arrayA[][]={{1,2,3},{4,5,6},{7,8,9}};
    System.out.println( arrayA[0][0]+"    "+ arrayA[0][1]+"    "+ arrayA[0][2]);
    System.out.println( arrayA[1][0]+"    "+ arrayA[1][1]+"    "+ arrayA[1][2]);
    System.out.println( arrayA[2][0]+"    "+ arrayA[2][1]+"    "+ arrayA[2][2]);
    System.out.println();
    arrayA[0][0]=arrayA[0][1]+arrayA[0][2];
    arrayA[1][1]=arrayA[1][0]+arrayA[1][2];
    arrayA[2][2]=arrayA[2][0]+arrayA[2][1];
    for (int i=0;i<=2;i++){
       for (int j=0;j<=2;j++)
          System.out.print( arrayA[i][j]+"    ");
          System.out.println();
       }
    }
}
```

```
1   2   3
4   5   6
7   8   9

5   2   3
4   10   6
7   8   15
```

图 2-7 【例 2-20】运行结果

运行结果如图 2-7 所示。

【例 2-21】 二维数组动态创建示例。

```
public class ArrayOfArraysDemo2 {
  public static void main(String[] args) {
    int[][] aMatrix = new int[4][];   //创建主数组
    for (int i = 0; i < aMatrix.length; i++)    {
       aMatrix[i] = new int[i+1]; //创建子数组
       for (int j = 0; j < aMatrix[i].length; j++) {
         aMatrix[i][j] = i + j;
       }
    }
    //输出数组元素
    for (int i = 0; i < aMatrix.length; i++) {
      for (int j = 0; j < aMatrix[i].length; j++) {
        System.out.print(aMatrix[i][j] + " ");
      }
      System.out.println();
    }
  }
}
```

```
0
1 2
2 3 4
3 4 5 6
```

图 2-8 【例 2-21】运行结果

运行结果如图 2-8 所示。

☞ 说明：本例首先确定主数组的长度（行数），而子数组的长度（每行的列数）则在循环中逐个创建，大小不同。引用数组元素时，必须保证访问的数组元素在已创建的空间范围内。

【例2-22】 求一个3×3矩阵两条对角线上的元素之和。

一个3×3的矩阵可以看作一个二维数组，其两条对角线上元素的特点是：1）行号、列号相等；2）行号、列号之和等于2。程序如下：

```java
import java.util.Scanner;
public class SumBubble{
    public static void main(String args[]){
        int sum=0;
        int a[][]=new int[3][3];
        Scanner in = new Scanner(System.in);
        for(int i=0;i<3;i++){
            for(int j=0;j<3;j++){
                a[i][j]= in.nextInt();
            }
        }
        for(int i=0;i<3;i++){
            for(int j=0;j<3;j++){
                if (((i+j)==2)||(i==j))
                    sum=sum+a[i][j];
            }
        }
        System.out.println("两对角线元素之和为：" + sum);
    }
}
```

视频2-6

2.4.3 字符串的使用

字符串是程序设计中经常使用的一种数据类型，Java 中对字符串的处理通常使用两个系统类 String 和 StringBuffer，这两个类都在 java.lang 包中。String 类创建的字符串是常量，是不可更改的，每次需要改变字符串时都要创建一个新的对象来保存改变后的内容。StringBuffer 类创建的字符串是变量，其内容是可以改变的。所以，String 类常用于创建不经常对内容进行更改的字符串，StringBuffer 类常用于对一个字符串进行修改（例如插入、删除等操作）的情况。

1. String 类的使用

（1）字符串创建

1）使用字符串常量直接初始化一个字符串对象。

在 Java 中，字符串常量是用双引号括起来的字符序列，又称为无名字符串对象。用字符串常量直接初始化一个 String 类的对象是创建字符串对象最常用的方法。例如：

    String str = " This is a test string.";

Java 语言中还定义了一个 String 对象的运算符"+"，它的作用是连接两个字符串。上面的语句也可以写成：

String str = " This " + " is " + " a test string.";

2）使用 String 类提供的构造方法创建字符串对象。

Sting 类提供了多个不同的构造方法，允许使用不同的数据源为字符串对象提供初始值。

```
String();                    //创建空字符串
String(byte[]);              //创建字符串，其值由一个字节数组的内容设置
String(char[]);              //创建字符串，其值由一个字符数组的内容设置
String(byte[],int,int);      //两个整型参数表示字节数组的偏移量和长度
String(char[],int,int);      //两个整型参数表示字符数组的偏移量和长度
```

例如：

```
String str1 = new String();           //将创建一个空字符串 s
String str = " This is a test string.";
String str2 = new String(str);        //创建一个字符串 str2，其内容与字符串 str 相同
char chars[] = { 'a', 'b', 'c' };
String str3 = new String(chars);      //用字符串"abc"初始化 str3
char chars[] = { 'a', 'b', 'c', 'd', 'e', 'f' };
String str4 = new String(chars, 2, 3); //用字符串"cde"初始化 str4
```

已经创建的字符串对象可以在任何允许使用字符串的地方使用，例如：

System.out.println(str); //输出字符串 str 的值

【例 2-23】 字符串使用示例。

```
class StringDemo1{
    public static void main(String args[]){
        char c[]={'J', 'a', 'v', 'a', ' ', 'L', 'a', 'n', 'g', 'u', 'a', 'g', 'e'};
        String s1, s2, s3, s4, s5,s6,s7;
        byte b[]={65,66,67,68,69,70};
        s1=new String();              //创建一个 String 对象,其内容为空
        s1="Empty";                   //为 s1 赋值
        s2=new String("String Test"); //以字符串为参数创建 String 对象
        s3=new String(s2);            //以已知字符串对象为参数创建 String 对象
        s4=new String(c);             //以字符数组 c 为参数创建 String 对象
        s5=new String(c,5,8);         //从 c 的第 6 个字符起，取 8 个元素为参数创建 String 对象
        s6=new String(b);             //以字节数组 b 为参数创建 String 对象
        s7=new String(b,2,3);         //从 b 的第 3 个字符起取 3 个元素为参数创建 String 对象
        System.out.println(s1);
        System.out.println(s2);
        System.out.println(s3);
        System.out.println(s4);
        System.out.println(s5);
        System.out.println(s6);
        System.out.println(s7);
    }
}
```

运行结果:

```
Empty
String Test
String Test
Java Language
Language
ABCDEF
CDE
```

(2) 常用字符串操作

对字符串的操作是通过 String 类提供的方法实现的。一旦一个 String 对象被创建,将无法改变字符串的内容。但仍然可以对字符串对象执行各种类型的操作,比如访问字符串、子字符串搜索、子字符串截取、字符串比较、修改等。需要明确的是,每次需要改变字符串时都要创建一个新的 String 对象来保存改变后的内容,而原始的字符串不变。下面介绍几种常用的字符串操作方法。

1) 获取字符串长度的方法。

int length()方法返回字符串的长度,这里的长度指的是字符串中 Unicode 字符的数目。例如:

```
String str="欢迎学习 Java 语言";
    int len=str.length();
```

len 的值为 10。由于 Java 采用 Unicode 编码,所有字符都占用 16 位长,因此汉字和其他符号一样都是一个字符。

2) 搜索字符或字符串的方法。

indexOf()和 lastIndexOf()方法用于在给定的字符串中搜索指定的字符或字符串。在 String 类中,定义了很多 indexOf()和 lastIndexOf()方法,这些方法的方法名相同,但参数不同,这种定义方式在面向对象的程序设计中称为方法的重载。下面列出了 indexOf()和 lastIndexOf()的几种重载形式。

```
int indexOf( int ch);
```

从给定字符串的左侧开始搜索指定的字符,并返回其首次出现的索引。

```
int lastIndexOf(int ch);
```

从给定字符串的右侧开始搜索指定的字符,并返回其首次出现的索引。

```
int indexOf(int ch, int startIndex);
```

从给定字符串左侧 startIndex 的索引开始搜索指定的字符,并返回其首次出现的索引。

```
int lastIndexOf(int ch ,int startIndex);
```

从给定字符串右侧 startIndex 的索引开始搜索指定的字符串,并返回其首次出现的索引。

```
int indexOf(String str);
```

从给定字符串左侧开始搜索指定的字符串,并返回其首次出现的索引。

int lastIndexOf(String str);

从给定字符串右侧开始搜索指定的字符串，并返回其首次出现的索引。

  int indexOf(String str,int startIndex);

从给定字符串左侧 startIndex 的索引开始搜索指定的字符串，并返回其首次出现的索引。

  int lastIndexOf(String str, int startIndex);

从给定字符串右侧 startIndex 的索引开始搜索指定的字符串，并返回其首次出现的索引。

  需要说明的是，在字符串中第一个字符的索引是 0，第二个字符的索引是 1，依此类推，最后一个字符的索引是 length()-1。如果没有搜索到指定的字符或字符串，返回-1。

【例 2-24】 indexOf()和 lastIndexOf()方法的使用。

```
class   StringTest{
    public static void main(String args[]){
        String   mystring="How do you do.";
        int lfirstpos1=mystring.indexOf('o');
        int rfirstpos1=mystring.lastIndexOf('o');
        System.out.println(lfirstpos1+ "    " + rfirstpos1);
        int lfirstpos2=mystring.indexOf("do");
        int rfirstpos2=mystring.lastIndexOf("do");
        System.out.println(lfirstpos2+ "    " + rfirstpos2);
        int lfirstpos3=mystring.indexOf('o',3);
        int rfirstpos3=mystring.lastIndexOf('o',10);
        System.out.println(lfirstpos3+ "    " + rfirstpos3);
        int lfirstpos4=mystring.indexOf("do",6);
        int rfirstpos4=mystring.lastIndexOf("do",10);
        System.out.println(lfirstpos4+ "    " + rfirstpos4);
    }
}
```

输出结果为：

  1 12
  4 11
  5 8
  11 4

3）截取子字符串的方法。

char charAt(int index)方法得到字符串中指定索引位置上的字符。例如：

  String str="欢迎学习 Java 语言";
  char   ch1=str.charAt(4);

则 ch1 中的字符为'J'。

  void getChars(int start, int end, char objstr[], int objstrStart)方法用于在字符串对象中截取子字符串。参数 start 指定了子字符串开始位置的索引，end 指定了子字符串结束位置的下一个字符的索引。因此子字符串包含了从索引 start 到索引 end－1 的字符。获得的子字符串存入数组 objstr，起始位置由 objstrStart 指定。注意：必须确保数组 objstr 有足够大的空间以保证能容纳所获得的子字符串中的字符。

【例 2-25】 getChars()方法的使用。

```
class getCharsDemo{
    public static void main(String args[]) {
        String str = "This is a demo of the getChars method.";
        int start = 10;
        int end = 14;
        char substr[] = new char[end - start];
        str.getChars(start, end, substr, 0);
        System.out.println(substr);
    }
}
```

运行结果为：

demo

String substring(int startIndex)方法用于截取指定位置后面的内容作为子字符串。有两种形式：

substring(int beginindex)
substring(int beginindex,int endindex)

前者返回给定字符串中从 beginindex 起到字符串尾为止的一个子串；后者返回给定字符串中从 beginindex 起到 endindex-1 的一个子字符串，该子字符串长度为 endindex-beginindex。

【例 2-26】 显示星期日到星期六的名称。

```
class   WeekName{
   public   static   void main(String args[]){
        String source="日一二三四五六",weekday;
        int i;
        for (i=0;i<7;i++){
            weekday=source.substring(i,i+1);
            System.out.println("星期"+weekday);
        }
    }
}
```

程序的运行结果为：

星期日
星期一
星期二
星期三
星期四
星期五

星期六

4）字符串比较方法。

equals()和equalsIgnoreCase()方法都是用来检验两个字符串是否相等的，不同的是，后者比较时不区分字母大小写。两个方法的返回值均为布尔型。例如：

```
String   s1=new String("abc");
String   s2=new String("abc ");
String   s3=new String("ABC ");
System.out.println(s1.equals(s2));              //输出 true
System.out.println(s1.equals(s3));              //输出 false
System.out.println(s1.equalsIgnoreCase (s3));   //输出 true
```

compareTo()方法和**compareToIgnoreCase()**方法这两个方法用于比较当前字符串与参数中指定的字符串的大小，后者在比较时不区分字母大小写。返回值为整型。如果返回值大于 0，则当前字符串比参数中的字符串大；如果返回值小于 0，则当前字符串比参数中的字符串小；若两个字符串相等，则返回值为 0。

5）字符串连接方法。

concat(String str) 方法的参数为一个 String 类对象，作用是将参数中的字符串 str 接到当前字符串的后面。例如：

```
String str1="欢迎学习";
String str2;
str2=str1.concat("Java 语言");
```

则字符串 str2 的内容为"欢迎学习 Java 语言"。

6）删除字符串两端空格的方法。

trim()方法的功能是将一个字符串两端的空格字符截掉，得到一个两端都不含有空格的新字符串。例如：

```
String s1="   欢迎   "
String s2="学习 JAVA."
System.out.println(s1.trim()+s2）
```

输出为：欢迎学习 JAVA.

2．StringBuffer 类

StringBuffer 类的每一个对象通过调用该类的一些方法可以改变自身的长度和内容，所以用 StringBuffer 类创建的字符串对象也称为字符串变量。

（1）创建字符串变量

用 StringBuffer 类创建字符串变量的过程与 String 类对象的创建过程极其相似。字符串变量通过调用 StringBuffer 类的构造方法进行创建。其构造方法主要有以下几个。

```
StringBuffer();              //创建一个空的 StringBuffer 对象，默认容量为 16 个字符
StringBuffer(int len) ;      //构造一个空的 StringBuffer 对象，其初始容量由参数 len 设定
StringBuffer(String str) ;   //创建一个 StringBuffer 对象，利用一个已经存在的字符串 String 的对象
```
str 来初始化该对象，其容量是 String 对象 str 的长度加 16

例如：

　　　　StringBuffer s0=new StringBuffer();　　　　　　　　//分配了长为 16 个字符的字符缓冲区
　　　　StringBuffer s1=new StringBuffer(512);　　　　　　　//分配了 512 个字符的字符缓冲区
　　　　StringBuffer s2=new StringBuffer("You are good!");　//在字符缓冲区中存放字符串"You are good!"，另外，后面又保留了 16 字节的空缓冲区

☞ **说明**：每个 StringBuffer 对象都有一个容量，只要其字符序列的长度不超过其容量，就无须分配新的内部缓冲数组；如果内部缓冲数组溢出，StringBuffer 对象的容量将自动增大。

（2）StringBuffer 类对象的操作

对字符串变量的操作是通过 StringBuffer 类提供的方法实现的。StringBuffer 类提供了很多对字符串变量进行访问的方法，在这些方法中绝大部分与 String 类中的方法相同。同时，StringBuffer 类还提供了用于字符串变量修改和扩充的方法。下面重点介绍 StringBuffer 类的几种常用字符串操作方法。

1）字符串访问方法。

int capacity()方法用于获取当前 StringBuffer 对象的容量。

int length()方法用于获取当前 StringBuffer 对象的长度（字符数）。

2）字符串修改方法。

setCharAt(int index,char ch)方法将指定的字符 ch 放到 index 指定的位置上。例如：

　　　　StringBuffer s=new StringBuffer("stedent");
　　　　s.setCharAt(2,'u');

replace(int a,int b,String str)方法使用新字符串 str 替换当前字符串变量中从起始位置 a 到结束位置 b 的内容。

insert(int offset,char ch)方法和 insert(int offset,String str)方法用于在当前字符串对象的 offset 位置插入字符 ch 或字符串 str。

例如：

　　　　StringBuffer　s=new StringBuffer("wecome");
　　　　s.insert(2,'l')

则 s 为"welcome"。

append(String str)方法将给定的字符串追加到当前字符串变量的末尾。

例如：

　　　　StringBuffer　s=newStringBuffer("we");
　　　　String　str="lcome";
　　　　s.append(str);

则 s 为"welcome"。

deleteCharAt(int a)方法和 delete(int a,int b)方法，前者用于删除指定索引位置处的字符；后者用于删除当前字符串变量中从起始位置 a 到结束位置 b 的内容。

【例 2-27】 StringBuffer 类常用方法的使用。

　　　　class StrBufferDemo{

```
public static void main(String args[]) {
    StringBuffer s1=new StringBuffer("It is wild.");
    System.out.println(s1.capacity());
    System.out.println(s1.length());
    s1. setCharAt(6,'m');
    System.out.println(s1);
    StringBuffer s2=new StringBuffer("Good morning!");
    s2. replace(5,12, "afternoon ");
    System.out.println(s2);
    StringBuffer s3=new StringBuffer("Hello");
    s3.append(" students.");
    s3.insert(6,"all");
    System.out.println(s3);
    StringBuffer s4=new StringBuffer("Hello all students.");
    s4.delete(6,10);
    System.out.println(s4);
    }
}
```

任务 2-4

【任务实施】

统计全班同学的期末考试成绩，共有四门考试科目，分别是：高等数学、大学英语、Java 程序设计和 MySQL 数据库。假设班级有 40 名同学，以此确定数组的大小。程序代码请扫描二维码下载。

程序运行示例如图 2-9 所示。

```
请输入第 1 个人的成绩
90 85 95 80
请输入第 2 个人的成绩
78 89 95 84
请输入第 3 个人的成绩
90 95 90 80
请输入第 4 个人的成绩
80 85 90 92
请输入第 5 个人的成绩
70 63 75 80
序号    高等数学   大学英语   Java   MySQL   平均成绩
1        90.0      85.0     95.0    80.0     87.5
2        78.0      89.0     95.0    84.0     86.5
3        90.0      95.0     90.0    80.0     88.75
4        80.0      85.0     90.0    92.0     86.75
5        70.0      63.0     75.0    80.0     72.0
```

图 2-9 程序运行示例

【同步训练】

创建一个具有 20 个整数的数组，然后对数组进行以下操作。
1）对数据进行排序。
2）在数组中添加任意一个整数，使数组仍然保持有序。

工单 2-4

3）从数组中删除某个数据。

【知识梳理】

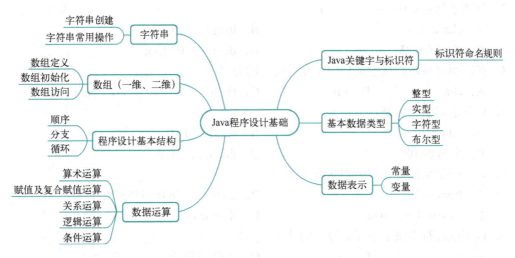

课后作业

一、填空题

1. 通过语句 int[] c1=int[10]; int[] c2={1,2,3,4,5,6,7,8,9,0};所定义的数组 c1 中有_____个元素；c2 中有_____个元素；已初始化赋值的数组是_____（c1,c2）。

2. 执行下列程序段后，i 的值为_____。

```
int i=0;
 while(i<5)
 {   i++;
 }
```

3. 运行下列程序段后，变量 c 的取值为_____。

```
int a = 100, b = 20,c;
char oper ='+';
switch(oper) {
   case '+':
      c = a+b;
      break;
   case '-':
      c = a - b;
      break;
   default:
      c = a * b;
      break;
}
```

二、单项选择题

1. 下列不是 Java 语言中的关键字的是（   ）。
   A. Default   B. abstract   C. number   D. package
2. 下列语句不正确的是（   ）。
   A. charc='abc';   B. long l=0xfff;
   C. float f=0.23;   D. doubled=0.7E-3;
3. 在声明变量时，以下选项中不允许使用的是（   ）。
   A. char   B. int   C. Hello   D. public
4. 以下语句错误的是（   ）。
   A. int a=10;   B. int ab=10.4f;
   C. float b=10;   D. double c=10.0;
5. 以下产生信息丢失的类型转换是（   ）。
   A. float a=10;   B. int a=(int)884656565.0f;
   C. byte a=10;int b=a;   D. double d=100;
6. 以下运行符中属于三元运算符的是（   ）。
   A. +   B. %   C. 条件运算符   D. *
7. 以下关于数组的描述有误的是（   ）。
   A. 整型数组中的各元素的值必须是整型
   B. 数组是有序数据的集合
   C. 如数组名为 ab，即 ab.length 可以取得该数组的长度
   D. 数组的下标从 1 开始
8. 以下对于标识符的描述有误的是（   ）。
   A. 常量用大写字母，变量用小写字母
   B. Java 的标识符严格区分大小写
   C. 第一个字符不是数字
   D. 标识符中任何位置都不能用数字
9. 以下语句正确的是（   ）。
   A. x+1=5;   B. i++=1;   C. a++b=1;   D. x+=1;
10. 以下结果为真（true）的是（   ）。
    A. 10>'a'   B. 'a'>20
    C. !true   D. (3<5) && (4>10)
11. 执行语句 int a='2';后，a 的值是（   ）。
    A. 1   B. 50   C. 49   D. 2
12. 'a'%3 的值是（   ）。
    A. 1   B. 97   C. 3   D. 2
13. 以下关于循环语句的描述正确的是（   ）。
    A. for 循环不可能产生死循环
    B. while 循环不可能产生死循环
    C. for 循环不能嵌套 while 循环

D. 即使条件不满足，do while 循环体内的语句也至少被执行一次
14. 以下对选择语句的描述错误的是（   ）。
    A. 根据某一条件重复执行一部分代码直到满足终止循环条件为止
    B. 可以根据条件控制程序流程，改变程序执行的顺序
    C. 选择语句可以嵌套使用
    D. 当条件满足时就会执行相应的语句
15. 以下程序测试 String 类的各种构造方法，其运行结果是（   ）。

```
class STR{
    public static void main(String args[]){
        String s1=new String();
        String s2=new String("String 2");
        char chars[]={'a',' ','s','t','r','i','n','g'};
        String s3=new String(chars);
        String s4=new String(chars,2,6);
        byte bytes[]={0,1,2,3,4,5,6,7,8,9};
        StringBuffer sb=new StringBuffer(s3);
        String s5=new String(sb);
        System.out.println("The String No.1 is "+s1);
        System.out.println("The String No.2 is "+s2);
        System.out.println("The String No.3 is "+s3);
        System.out.println("The String No.4 is "+s4);
        System.out.println("The String No.5 is "+s5);
    }
}
```

A. The String No.1 is
   The String No.2 is String 2
   The String No.3 is a string
   The String No.4 is string
   The String No.5 is a string

B. The String No.1 is
   The String No.2 is String
   The String No.3 is a string
   The String No.4 is tring 2
   The String No.5 is a string

C. The String No.1 is
   The String No.2 is String
   The String No.3 is a string 2
   The String No.4 is strin
   The String No.5 is a string

D. 以上都不对

16. 下面语句段的输出结果是（   ）。

```
int i = 9;
switch (i) {
  default:
    System.out.println("default");
  case 0:
    System.out.println("zero");
    break;
  case 1:
    System.out.println("one");
  case 2:
    System.out.println("two");
}
```

A． default
B． default, zero
C． error default clause not defined
D． no output displayed

三、简答题

1．float 型常量和 double 型常量在表示上有什么区别？
2．Java 的注释有几种形式？简单说明其作用及使用方法。
3．怎样获取数组的长度？

四、编程

1．编写一个应用程序，给出汉字"你""我""他"在 Unicode 表中的位置。
2．编写一个应用程序求 1!+2!+…+20!。
3．编写一个应用程序求 100 以内的全部素数。
4．分别用 do while 循环和 for 循环计算 1+1/2!+1/3!+1/4!+…的前 20 项的和。
5．一个数如果恰好等于它的因子之和，这个数就称为"完数"。编写一个应用程序求 1000 之内的所有完数。
6．使用 String 类的 public String concat(String str)方法可以把调用该方法的字符串与参数 str 指定的字符串连接，把 str 指定的字符串连接到当前字符串的尾部获得一个新的字符串。编写一个程序通过连接两个字符串得到一个新字符串，并输出这个新字符串。
7．String 类的 public char charAt(int index)方法可以得到当前字符串 index 位置上的一个字符。编写程序使用该方法得到一个字符串中的第一个和最后一个字符。

单元 3　Java 面向对象程序设计

　　面向对象程序设计（Object-Oriented Programming，OOP）的本质是：以类的方式组织代码，以对象的形式组织（封装）数据。本单元首先介绍面向对象的两个重要概念——类和对象，然后学习 Java 的具体实现方法，从而更深入地理解面向对象程序开发的理念和方法，逐步建立面向对象程序设计的编程思想与编程方法。

【学习目标】

知识目标
（1）理解类和对象的概念
（2）了解面向对象编程思想
（3）掌握如何用 Java 定义类、创建类的对象
（4）熟悉构造方法的作用
（5）掌握对象的引用
（6）理解实例成员和类成员
（7）理解变量的作用域
（8）熟悉类中成员的访问权限

能力目标
（1）会根据实际问题需要定义类
（2）能够合理使用各种修饰图，定义类中成员的属性与权限
（3）会创建和使用对象
（4）能够用面向对象的思路编写程序

素质目标
（1）养成良好的代码编写规范
（2）培养善于分析问题、解决问题的良好习惯

※"吾尝终日而思矣，不如须臾之所学也；吾尝跂而望矣，不如登高之博见也。"脚踏实地，继续前行，梦想终将会变为现实。

任务 3.1　学生信息类设计

【任务分析】

　　在学生信息管理系统的设计中，首先需要定义一个描述学生这一实体的类，其中包括学号、姓名、性别、年龄等属性，方法包括设置、获取和输出这些学生信息。要实现这些任务需要熟悉 Java 中类、对象的基本概念，掌握面向对象编程的基本方法。

【基本知识】

3.1.1 Java 面向对象核心概念

现实生活中存在各种形态不同的事物，这些客观存在的各种事物我们称之为实体。为了在程序中描述这些实体，面向对象编程提出两个重要概念，即类和对象。**类**是对某一类事物的抽象描述，**对象**用于表示现实中该类事物的个体。

视频 3-1

1. 类与对象

对象是面向对象程序设计的核心。世界上任何一个具体的物理实体都可以看作一个对象，如一棵树、一个人、一件物品都可以看作是一个对象，它们都具有各自的特征，如形状、颜色、重量等；对外界都呈现出各自的行为，如人可以走路、说话、做事，汽车可以启动、加速、减速、停止等，这就是对象所具有的**属性和行为**。而面向对象程序设计中的对象就是现实世界中这些物理实体在计算机逻辑中的映射和体现。

类是面向对象程序设计的基本单位。所谓"物以类聚，人以群分"，**类是具有共同特征的事物的集合**。在使用面向对象编程时，并不是直接定义单个的对象，而是先定义类，由类来创建对象。例如，日常生活中各式各样的表，有戴在人们手腕上的手表，有挂在墙上的钟表，还有运动场上的电子计时器等，这些都属于表的范畴，这些实体在面向对象的程序中将被映射成不同的对象，这些对象之间存在着很多共同点，如都可以表示时间，都可以进行时间调节等。在面向对象的程序设计中，**用类来表述同种对象的公共属性和特点**。

- **对象（Object）** 是现实存在的具体实体，具有明确的特征（属性）和行为，现实世界中任何一个具体的物理实体，都可以看作是一个对象。
- **类（Class）** 是具有相同属性和行为的一组对象的集合。

2. 面向对象编程的基本特征

Java 面向对象程序设计具有以下基本特征。

（1）封装性

封装是一种信息隐蔽技术，就是利用类将数据和基于数据的操作封装在一起。类是 Java 面向对象程序中的最小模块，封装特性禁止外界直接操作类中的数据，模块与模块间仅通过严格控制的接口进行交互，使得模块之间的耦合度降低，从而保证了模块具有较好的独立性，降低了开发的复杂性，提高了效率和质量，减少了可能的错误，同时也保证了程序中数据的完整性和安全性。

（2）继承性

继承是存在于面向对象程序的两个类之间的一种关系，当一个类拥有另一个类的所有属性和行为时，就称这两个类之间具有继承关系，被继承的类称为父类或超类，继承了父类或超类所有属性的类称为子类。一个父类可以同时拥有多个子类，这时这个父类实际上是所有子类的公共属性的集合，而每一个子类则是父类的特殊化，是在公共属性基础上的功能的扩展和延伸。

（3）多态性

多态是指同一个行为在不同对象中可以有不同表现形式或实现方法。多态机制使具有不同内部结构的对象可以共享相同的外部接口,它可以提高程序的扩展性。

以上这些概念,将会在接下来的任务中逐一学习并进行实现。

3.1.2 定义 Java 类

在 Java 类中,数据用来描述实体的属性,方法用来定义实体的行为,这些数据和方法均称为类的"**成员**"。当用户需要定义一个类时,首先要为类起一个名字称为**类名**,然后要定义类中的所有**成员**。所以一个类的定义包含类声明和类主体两部分,类主体又包括**变量声明和方法声明**两部分。变量用于存储表示对象状态的数据,方法用来实现对数据进行的操作。

类定义的一般格式:

```
[类修饰符]  class  类名{              //类声明部分
    变量声明及初始化;                 //类主体部分
    方法声明及方法定义;
}
```

格式说明:

1)class 是 Java 关键字,表明其后定义的是一个类。类名是用户为该类所起的名字,它应该是一个合法的标识符,并尽量遵从命名约定(如类名的第一个字母一般为大写)。

2)Java 类定义格式包括类声明和类主体两部分。类主体中的每个变量要声明其类型;方法不仅要进行声明,还要定义其实现。

3)class 前的修饰符可以没有,也可以有多个,用来限定类的使用方式或范围。

以下代码定义了一个表示"圆"的类。

```
class   Circle {
    double radius;
    double findArea() {
        return radius*radius*3.14159;
    }
}
```

Circle 为所定义的"圆"类的名字(类名见名知意,首字母大写),其中包含两部分内容,一是表示圆的特征属性的半径 radius;二是完成圆的一个行为——计算圆面积的方法 findArea()。

【**例 3-1**】 定义一个描述长方体的类,其名为 Box。它需要定义表示长方体长、宽、高三个属性的变量,还要定义一个设置长方体长、宽、高值的方法 setlwh()和计算长方体体积的方法 volume()。

```
class Box {
    //定义变量成员
    double length;
    double width;
    double height;
    //定义方法成员
    void   setlwh (double l ,double w, double h ) {
        length=l;
```

```
        width=w;
        height=h;
    }
    double  volume() {
        return    length* width* height;
    }
}
```

☞ **说明**：本实例中，Box 类共有 5 个成员，三个变量成员 length、width 和 height 分别表示长方体的长、宽和高，它们类型均为 double，也可以用一个语句进行说明，其形式为：

double   length, width, height;

两个方法成员，方法 setlwh()对长方体的长、宽、高赋值，volume()用来计算长方体的体积。

3.1.3 创建 Java 对象

对象是类的一个特定个体，所以也将对象称为类的实例（对象和实例两个词通常可以互换），创建对象也称为类的实例化，可以从一个类中创建多个实例。例如，可以利用上面创建的"圆"类创建多个不同半径的具体圆，如图 3-1 所示。

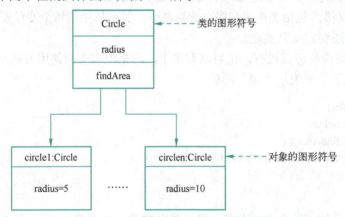

图 3-1 一个类可定义多个不同的对象

在 Java 中，要获得一个类的对象（或称实例化一个对象），需要两步：第一步，声明属于该类类型的一个对象（实例）变量；第二步，再用 new 关键字生成一个对象，并对该对象变量进行初始化。

创建对象的一般格式如下：

类名 对象名;   //声明对象变量
对象名=new 类名();   //创建对象

也可以将以上两条语句进行合并，使用下面的格式创建对象：

类名 对象名=new 类名();   //声明对象变量的同时初始化对象

如用上面定义的 Circle 类创建一个对象 myCircle：

Circle myCircle =new Circle();

也可以使用：

    Circle myCircle;
    myCircle =new Circle();

其中，类名相当于对象的类型，new 关键字为对象分配内存空间，并返回对它的一个引用，这个引用就是 new 分配给对象的内存地址，然后将这个引用存储在对象中。

多次使用 new 关键字可产生多个不同的对象，这些对象分别对应不同的内存空间，可以完全独立地分别对它们进行操作。如：

    Box myBox1= new Box();
    Box myBox2= new Box();

定义了两个 Box 类型的对象 myBox1 和 myBox2，它们都拥有 Box 中的变量和方法。

☞ 说明：

1）声明一个对象变量后，该变量已有一个特殊的值 null，表示该对象尚未创建。一旦对象被创建，它的引用就赋给对象变量，如图 3-2 所示。

2）当一个对象完成了它的使命不再被使用时，Java 虚拟机将自动回收那些不被任何变量引用的对象所占据的内存空间，以便节约资源。

3）同类型的对象变量之间可以进行赋值。

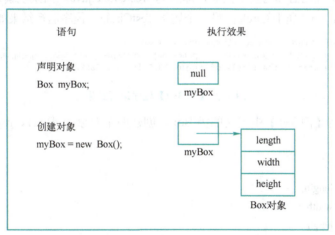

图 3-2 对象的声明与创建

3.1.4 使用 Java 对象

对象的使用原则也是先定义后使用。在创建了类的一个对象之后，用户就可以访问这个对象的各个成员并进行各种操作了。在使用（访问）对象时，不能将一个实例对象作为整体进行引用，只能引用对象中的成员（变量和方法）。访问对象成员的一般方法是：

    对象名.变量成员名
    对象名.方法成员名()

在这里，可以把"对象名.变量成员名"和"对象名.方法成员名()"都看作一个整体，其中的"."是成员运算符，它把对象名和成员名连接起来，指明是哪个对象的哪个成员。在所有的运算符中"."运算符的优先级别最高。

【例 3-2】 利用 Circle 类创建对象，并通过对象引用其成员，程序如下。

```
public class TestCircle {
    public static void main(String args[]) {
        Circle myCircle=new Circle();
        System.out.println("The aree of the circle of radius "+ myCircle. radius+" is "+ myCircle. findArea());
    }
}
class Circle {
    double radius=10.5;
    double findArea(){
        return radius*radius*3.14159;
    }
}
```

本程序定义了两个类，Circle 类称为**实体类**，用来描述要反应的实体的属性和行为；TestCircle 为**主类**，其中包含一个 main()方法，该方法创建了一个 Circle 类对象，并打印出它的半径和面积。两个类可以分别存放在两个的源程序文件中，也可以存放在同一个文件中，若存放在同一个文件中，文件名必须与主类同名，即应为 TestCircle.java。当系统编译这个程序时，生成两个".class"文件，一个属于 Circle，另一个属于 TestCircle。程序运行结果如图 3-3 所示。

图 3-3 【例 3-2】程序运行结果

【例 3-3】 利用【例 3-1】中定义的类 Box，创建两个对象 myBox1、myBox2，分别计算它们的体积，程序如下。

```
class Box {
    double length;
    double width;
    double height;
    void  setlwh (double l,double w, double h ) {
      length=l;
      width=w;
      height=h;
    }
    double   volume() {
      return    length* width* height;
    }
}
public class TestBox{
    public static void main(String args[]) {
        Box mybox1 = new Box();
        Box mybox2 = new Box();
```

```
            double vol1,vol2;
            mybox1.setlwh(10,20,15);
            vol1= mybox1.volume();
            mybox2.setlwh(12.8,89,153);
            vol2= mybox2.volume();
            System.out.println("mybox1 的体积是: " + vol1);
            System.out.println("mybox2 的体积是: " + vol2);
        }
    }
```

程序中定义了两个 Box 对象，每个对象都有其自己的 length、width 和 height。改变一个对象的属性值对另外一个对象的属性没有任何影响。程序运行结果如图 3-4 所示。

```
Problems  @ Javadoc  Declaration  Console
<terminated> TestBox (1) [Java Application] D:\d\Java\eclipse\plugi
mybox1的体积是: 3000.0
mybox2的体积是: 174297.6
```

图 3-4　【例 3-3】程序运行结果

通过本程序可以看出，mybox1 和 mybox2 是 Box 类的两个不同实例，它们的数据完全独立，互不影响。

3.1.5　构造方法

构造方法也称为构造函数，其作用是在创建对象时初始化对象的属性。例如，在以下类的定义中定义了两个构造方法：

```
    class   Circle {
       double radius;
       double findArea() {
           return radius*radius*3.14159;
       }
       Circle(double r)    {              //带参数的构造方法
           radius=r;
       }
       Circle()   {                       //无参数的构造方法
           radius=5.0;
       }
    }
```

若要创建一个半径为 10 的圆，则可使用如下语句：

```
        myCircle = new Circle(10.0) ;
```

系统自动将 myCircle.radius 赋值为 10.0。

若使用如下语句创建对象：

```
        myCircle = new Circle() ;
```

则调用 Circle 类中的第二个构造方法（无参数的构造方法），将默认的半径值 5.0 赋值给

myCircle.radius。

☞ **特别提示**：构造方法是一种特殊的方法成员，其特殊性表现在以下几个方面。

1）构造方法名必须与它所在的类同名。
2）构造方法没有任何返回值，**void** 类型也没有。
3）一个类可以定义零个或多个构造方法。
4）构造方法在创建对象时由 **new** 运算符自动调用完成对象的初始化，不能显式地直接调用。

【例 3-4】 构造方法的使用。计算长、宽、高分别为 10、20、15 的长方体的体积。

为了能在创建对象时对所创建长方体的尺寸自动进行初始化，定义构造方法 Box()对变量进行赋值，程序源代码如下。

```
class Box {                        //定义 Box 类
    double length;
    double width;
    double height;
    Box() {                        //定义构造方法 Box()
        length=10;
        width=20;
        height=15;
    }
    double volume(){               //定义计算长方体体积的方法
        return length* width* height;
    }
}
class BoxDemo1 {
    public static void main(String args[]) {
        Box mybox = new Box();
        double vol;
        vol = mybox.volume();
        System.out.println("mybox 的体积是： " + vol);
    }
}
```

运行该程序，产生如下的结果：

mybox 的体积是：3000.0

当 mybox 被创建时，它被 Box()构造方法初始化。因为构造方法将长方体的长、宽、高分别赋值为 10、20、15，当调用 volume()时，length、width、height 都已经有了初值，可直接进行计算。

本例中，每次执行 Box mybox = new Box()这个语句时，所创建对象的初始值都是相同的，那么，能不能根据需要任意初始化对象的属性呢？

在 Java 中，可以定义带参数的构造方法，请看下面的例子。

【例 3-5】 计算长、宽、高分别为 10、20、15 和 3、6、9 的长方体的体积。

```
class Box {                        //定义 Box 类
    double length;
```

```java
        double width;
        double height;
        Box(double l, double w ,double h) {        //定义带参数的构造方法 Box()
            length=l;
            width=w;
            height=h;
        }
        double   volume() {                        //定义计算长方体体积的方法
            return length* width* height;
        }
    }

    class BoxDemo2 {
        public static void main(String args[]) {
            Box mybox1 = new Box(10,20,15);
            Box mybox2 = new Box(3,6,9);
            double vol1，vol2;
            vol1 = mybox1.volume();
            vol2 = mybox2.volume();
            System.out.println("mybox1 的体积是：    " + vol1);
            System.out.println("mybox2 的体积是：    " + vol2);
        }
    }
```

本例中，通过调用带参数的构造方法，可以任意指定对象属性的初始值。

☞ **特别注意**：在 Java 程序中，一个类可以定义零个或多个构造方法，只要它们的参数不同即可。如果用户没有显式地为类定义构造方法，系统将为该类创建一个默认的构造方法，该构造方法不带任何参数。但用户一旦定义了自己的构造方法，默认构造方法将不再被使用。例如以下程序：

```java
    class   Circle {
        double radius=5.0;
        double findArea(){
            return radius*radius*3.14159;
        }
        Circle(double r) {                //带参数的构造方法
            radius=r;
        }
    }
    public class TestC {
        public static void main(String [ ] args){
            Circle   myCircle=new Circle();
            System.out.println("圆的面积是： " + myCircle.findArea());
        }
    }
```

当对此程序进行编译时，则产生"找不到构造函数 Circle()"的错误。如果去掉类中构造方法的定义，则能通过编译，并得到运行结果："圆的面积是：78.53975"。**请读者思考为什么。**

【任务实施】

定义表示学生信息的实体类 Student，其中包括四个变量成员：学号（sid）、姓名（sname）、性别（sgender）、年龄（sage），一个方法成员 showInf()用于显示学生信息，一个构造方法用于初始化对象。为了使程序运行，还需要定义一个主类 TestStudent，源程序代码请扫描二维码下载。

程序运行结果如图 3-5 所示。

图 3-5　任务 3.1 程序运行结果

【同步训练】

用面向对象思想编程描述一下你所使用的手机。手机一般都具有品牌、型号、价格、内存大小、续航时间等特征，并具有打电话、发消息、玩游戏、支付等行为。

任务 3.2　学生成绩处理

【任务分析】

在学生信息处理中不仅需要处理学生对象的学号、姓名等基本信息，还要处理学生的选课情况，记录每门课程的成绩，并对学生个人或班级成绩进行一些统计分析方面的处理。这些功能的实现涉及类中方法的定义、调用等基本知识。

【基本知识】

3.2.1　方法定义

我们已经知道，类中的成员包括两类：表示属性的变量成员和表示行为的方法成员。在一个类中，方法成员可以没有，也可以有多个，它与其他高级语言的函数或过程非常类似，方法就是一段用来完成某项任务的程序代码。

方法定义包括两部分：**方法声明（方法首部）**和**方法体**。方法定义的一般格式如下：

```
[方法修饰符]　返回值类型　方法名（[形式参数列表]）{
    方法体（本方法所需要实现的功能）
}
```

例如：

```
public    static int max(int num1,int num2){
    int result=0;
    if (num1>num2)
        result=num1;
    else
        result=num2;
    return    result;
}
```

1. 方法首部需要声明的内容

1）方法修饰符。方法修饰符用来对定义的方法做某些限定，这些修饰符可以分为访问权限控制符和非访问权限控制符两种。访问权限控制符有 public、protected、private 等，非访问权限控制符有 abstract、final、static 等。这些修饰符后面会有专门介绍。

2）返回值类型。返回值类型指定了方法被执行后需要返回的数据类型，可以是任何合法有效的类型，包括用户创建的类的类型。如果该方法不返回任何值，则它的返回值类型必须为 void。

3）方法名。方法名由用户指定，可以是任意合法的标识符，应尽量做到见名知义。

4）形式参数列表。形式参数列表是一个或多个形式参数类型的声明，当有多个形式参数（简称形参）时用逗号分隔。参数本质上是变量，它接收方法被调用时传递给方法的参数值。如果方法被调用时不需要传递参数，那么形式参数列表为空。所以，一个方法可以有多个形式参数，也可以没有。形式参数列表中应该对每一个形式参数进行独立的数据类型说明。如 max (int num1, int num2)不能说明为 max(int num1,num2)。

2. 方法体

方法体是方法定义的核心，是对方法功能的实现。它包括变量的声明以及一组定义方法功能的语句集合。有返回值的方法必须使用关键字 return 返回方法的值，而返回值类型为 void 的方法则可以没有 return 语句。return 语句的基本格式为：

return [表达式];

如在 Circle 类中定义一个计算周长的方法。

```
class    Circle {
    double radius;
    double circumference(){
        return 2*3.14159*radius;
    }
}
```

调用该方法可以得到圆的周长，所以方法需要有一个 double 类型的返回值。

【例 3-6】 定义一个方法，求三个整数中的最大值。

```
import java.util.Scanner;
public class Max3 {
    //定义从三个数中取得最大值的方法 maxFrom3()
    int maxFrom3(int x,int y,int z ) {        //x、y、z 为形参
        int max;
```

```
           if (a>b )
               max=a;
           else
               max=b;
           if (max<c)
               max=c;
           return max ;
       }
       public static void main(String args[]) {   //主方法
           Max3 max=new Max3();                    //创建 Max3 对象
           Scanner in=new Scanner(System.in);
           int   m;
           System.out.print("请输入 3 个数：");
           int a=in.nextInt();
           int b=in.nextInt();
           int c=in.nextInt();
           m=max.maxFrom3(a,b,c);                  //调用类方法 maxFrom3()，a、b、c 为实参
           System.out.println("Max = " + m);
       }
   }
```

maxFrom3(int x,int y,int z)方法的功能是从三个整数中挑选最大值，所以该方法需要三个形参变量，方法执行结束返回三个整数中的最大值。

3.2.2 方法调用

Java 中调用方法的一般格式为：

对象名.方法名(实参列表);

其中，实参列表表示需要向被调用方法传递的数据，它可以是常量、变量或表达式，其类型、个数必须与方法定义的形参一一对应。例如，上例中 max.maxFrom3(a,b,c)中的 a、b、c 为实参。

当程序调用方法时，程序执行流程将跳转到被调用的方法中，直到执行 return 语句或遇到方法结束标志，同时程序执行流程转到该方法被调用处，继续后续程序的执行。

【例 3-7】 利用已定义的类 Box，分别计算长、宽、高分别为 10、20、15 和 3、6、9 的长方体的体积。

```
       class Box {                //定义 Box 类
           double length;
           double width;          //定义成员变量
           double height;
           //定义设置长方体长、宽、高的方法
           void   setlwh (double l setlwh ,double w, double h ) {
               length=l;
               width=w;
               height=h;
           }
           double   volume() { //定义计算长方体体积的方法
```

```
            return length* width* height;
        }
    }
    class BoxDemo3 {
        public static void main(String args[]) {
            Box mybox1 = new Box();
            Box mybox2 = new Box();
            double vol;
            mybox1.setlwh(10,20,15);    //无返回值的调用
            mybox2.setlwh(3,6,9);
            vol = mybox1.volume();       //有返回值的调用
            System.out.println("mybox1 的体积是：  " + vol);
            vol = mybox2.volume();
            System.out.println("mybox2 的体积是：  " + vol);
        }
    }
```

运行该程序的输出结果如下：

```
mybox1 的体积是：3000.0
mybox2 的体积是：162.0
```

方法调用过程及参数传递如图 3-6 所示。

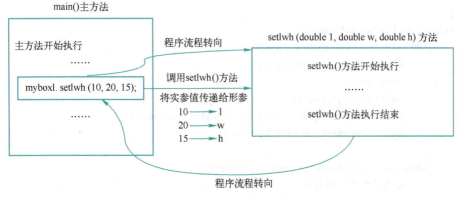

图 3-6　方法调用过程及参数传递

　　Java 中参数的传递方式有两种：**值传递和引用传递**。当参数的类型为基本数据类型时采用**值传递**，当参数类型为对象类型或数组时采用**引用传递方式**。下面通过两个实例说明这两类参数的传递。

【例 3-8】 以基本类型数据为参数的方法调用。

```
public class TestPassByValue {
    public static void main(String[] args){
        int num1 = 1;
        int num2 = 2;
        System.out.println("调用 swap 方法之前, num1 的值："+num1+" , num2 的值:"+num2);
        swap(num1, num2);           //调用 swap 方法
        System.out.println("调用 swap 方法之后, num1 的值："+num1+" , num2 的值:"+num2);
```

```java
    static void swap(int n1, int n2){        //交换 n1、n2 两个形参变量的值
        System.out.println("—————swap 方法内部—————————");
        System.out.println("    n1、n2 的值交换之前 n1 的值: "+n1+" n2 的值: " + n2);
        int temp = n1;
        n1 = n2;
        n2 = temp;
        System.out.println("    n1、n2 的值交换之后 n1 的值: "+n1+" n2 的值: " + n2);
    }
}
```

程序运行结果如图 3-7 所示。可以看出以基本类型数据作为参数进行数据传递时,传递的是实参的值,方法内部形参变量的改变对实参变量的值没有任何影响。

【例 3-9】 以对象作为参数的方法调用。

```
<terminated> TestPassByValue [Java Application]
调用swap方法之前, num1的值: 1 , num2的值: 2
—————swap方法内部—————————
    n1、n2的值交换之前 n1的值: 1 n2的值: 2
    n1、n2的值交换之后 n1的值: 2 n2的值: 1
调用swap方法之后, num1的值: 1 , num2的值: 2
```

图 3-7 【例 3-8】程序运行结果

```java
class Circle{
    double radius=1.0;
    double findArea() {
        return radius* radius*3.14159;
    }
}
public class TestPassingObject{
    public static void main(String[] args){
        Circle myCircle = new Circle();
        int n = 5;
        printAreas(myCircle, n);        //对象 myCircle 作为实参
        System.out.println("\n" + "半径是: " + myCircle.radius);
        System.out.println("n 的值为: " + n);
    }
    public static void printAreas(Circle c, int times) {
        //c 为对象类型的形参
        System.out.println("半径 \t\t 面积");
        while (times >= 1){
            System.out.println(c.radius + "\t\t" + c.findArea());
            c.radius++;
            times--;
        }
    }
}
```

程序运行结果如图 3-8 所示。传递对象类型参数时,传递的是对象的引用,形参对象和实参对象具有相同的引用。方法内部对形参对象的改变,也就直接改变了实参对象。

```
Problems @ Javadoc Declarati
<terminated> TestPassingObject (1)
半径        面积
1.0        3.14159
2.0        12.56636
3.0        28.27431
4.0        50.26544
5.0        78.53975
半径是: 6.0
n的值为: 5
```

图 3-8 【例 3-9】程序运行结果

☞ **提示:** 本例中方法 printAreas(Circle c, int times)中的两个参数,请通过程序的运行结果进

一步理解两种参数引用的区别。

3.2.3 成员类别

类中**表示属性的变量**和**表示行为的方法**均称为类的**成员**。这些成员根据其使用上的差别又分为**实例成员**（或称**对象成员**）和**静态成员**（或称**类成员**）。

视频 3-3

static 表示静态，可以修饰属性和方法，被 **static** 修饰的成员称之为**静态成员**（或**类成员**），包括静态变量或静态方法，不被 **static** 修饰的成员称为**实例成员**（或**对象成员**），包括实例变量或实例方法。

引用实例成员的一般格式：

  对象名.成员

引用类成员可通过两种方法：

  类名.成员

或

  对象名.成员

类（静态）成员具备以下特点。
1）静态成员是属于类的，随着类的加载而加载。
2）在类第一次加载到内存的时候就完成了初始化。
3）被所有对象共享。
4）可以直接被类名调用。

使用类（静态）成员时需要注意以下几点。
1）静态方法中只能访问静态成员（如主方法中不能调用非静态方法）。
2）静态方法中不可以使用 this、super 关键字。

对象与类之间的关系及成员类别如图 3-9 所示。

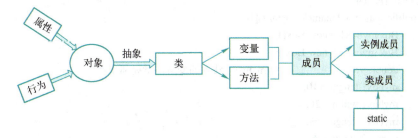

图 3-9　对象与类之间的关系及成员类别

☞ **建议**：使用"类名.变量名"和"类名.方法名()"引用类变量和类方法；而用"对象名.变量名"和"对象名.方法名()"引用实例对象和实例方法。

下面通过几个实例程序分析类成员和实例成员的使用。

【例 3-10】　类变量与实例变量的使用比较。

```java
class Test {
    static int  i;           //定义 i 为类变量
    int  j;                  //定义 j 为实例变量
    public void printVar()  {
        int k=0;
        i++;
        j++;
        k++;
        System.out.println("i="+i+"    j="+j+"    k="+k);
    }
}
public class MainTest   {
    public static void main(String args[ ]) {
        Test c1=new Test();
        c1. printVar();
        c1. printVar();
        Test c2=new Test();
        c2. printVar();
        c2. printVar();
    }
}
```

程序分析讨论：

1）说明程序中所使用变量的类别。

2）分析程序运行结果，并说明为什么。

【例 3-11】 利用类变量计算长方体的体积。

```java
class Box
{   double length;
    double width;
    static double height=5;   //定义类变量
}
class BoxDemo4
{   public static void main(String args[])
    {   Box mybox1 = new Box();
        Box mybox2 = new Box();
        double vol;              //main()方法内的变量，是局部变量
        mybox1.length = 10;
        mybox1.width = 20;
        mybox2. length = 3;
        mybox2. width = 6;
        vol = mybox1.length*mybox1.width*Box.height;   //访问类变量 height
        System.out.println("mybox1 的体积是： " + vol);
        vol = mybox2.length*mybox2.width* Box.height;  //访问类变量 height
        System.out.println("mybox2 的体积是： " + vol);
    }
}
```

程序输出结果如下所示。

  mybox1 的体积是：1000.0
  mybox2 的体积是：90.0

在此例中，当生成对象 mybox1 和 mybox2 时，系统为每一个对象的实例变量 length 和 width 分配内存空间，然后通过该对象来访问它们，如 mybox1.length、mybox2.width；对于类变量 height，无论创建多少个对象，该变量也只有一个，是所有对象共享的，可通过"类名.变量名"的方式进行访问。

【例 3-12】 类方法或静态方法的使用。

```
class    StaticClass {
    static int a = 42;
    static int b = 99;
    static void callme() {                          //定义类方法 callme()
        System.out.println("a = " + a);
    }
}
class TestStaticClass {
    public static void main(String args[]) {
        StaticClass.callme();                       //调用类方法 callme()
        System.out.println("b = " + StaticClass.b); //访问类变量 b
    }
}
```

输出结果为：

  a = 42
  b = 99

实践对比： 是否可以将 StaticClass 类中 a、b 变量声明的修饰符 static 删除？为什么？

在程序中经常使用的另一种数据形式是静态常量，它可以通过类名直接进行访问。例如，在 Math 类中定义的静态常量 PI：

```
public class Math
{ ……
    public static final PI=3.14159265358979323846;
    ……
}
```

其引用方式为：Math.PI。

3.2.4 变量作用域

  Java 程序中使用的变量不仅有实例变量、类变量，还有在方法（或块）内部定义的变量。实例变量和类变量用来描述对象的属性，类中的所有方法都可以访问这些变量，所以称它们为"**全局变量**"。方法内部定义的变量（包括形参），只能在该方法（或块）内部使用，所以称它们为"**局部变量**"。

  变量的作用域是指程序的一部分，在这部分程序中变量可以被访问，或者说变量是"可见"的。实例变量和类变量的作用域是整个类，它们可以在类中的任何位置进行说明。例如，在前面定义的 Circle 类中，也可以将变量的说明放在类的末端。

```
class Circle {
    double findArea() {
        return radius* radius*3.14159;
    }
    double radius=1.0;
}
```

局部变量必须"先说明后使用"，局部变量的作用域是从说明它的位置开始延续到包含它的程序块的末尾。例如，以下程序段：

```
{
    int x = 10;        //只有 x 可用
    ……
    {
        int  y = 20;   //x，y 都可用
        ……
    }
    ……                //只有 x 可用，y 不可用（超出 y 的作用域）
}
```

☞ **提示**：作为类成员的实例变量或类变量只能被声明一次，但是在互不嵌套的程序块内，可以多次声明同一个变量，且局部变量可以和实例变量或类变量同名。

下面分别通过几个实例说明这三类变量的作用域。

【例 3-13】 局部变量与实例变量同名。

```
class sameName {
    int  a=10;
    public static void main(String args[]) {
        int a=20;
        System.out.println("a="+a);
    }
}
```

输出结果为：

a=20

☞ **说明**：当局部变量与实例变量同名时，实例变量被"屏蔽"起来，只有局部变量起作用；退出局部变量所存在的方法或程序块以后，实例变量才再次开始起作用。

【例 3-14】 成员变量和局部变量使用示例。

```
class Test {
    int a=3;
    int b=5;
    int c=10;
    public void setc(int i) {
```

```
                int c = i;        //声明局部变量 c，与成员变量 c 同名
            }
            public int getc() {
                return c;
            }
        }
    }
    class AccessTest {
        public static void main(String args[]) {
            Test obj = new Test();
            obj.a = 10;
            obj.b = 20;
            obj.setc(100);
            System.out.println("a，b，and c: " + obj.a + " " + obj.b + " " + obj.getc());
        }
    }
```

分析讨论： 观察程序的输出结果，并分析原因。

结论： Java 定义了三种作用域范围，即类级别范围、方法级别范围和代码块级别范围。变量的使用范围被限定在定义它的最近的一组大括号内，超出范围则无法使用。

3.2.5　this 关键字

由【例 3-14】可以看出，如果局部变量与成员变量重名，则局部变量优先，同名的成员变量被隐藏。如果需要引用方法中隐藏的成员变量，可通过关键字 **this** 实现。如以下代码段：

```
    class sameName {
        int    a=10;
        void setA(int a ) {
            this.a=a;
        }
    }
```

语句 this.a=a;表示将形参 a（局部变量）的值赋值给成员变量 a。
再如：

```
    public class Box    {
        //成员变量
        double l;
        double w;
        double h;
        //成员方法
        void    setlwh (double l,double w, double h )    {
            this.l=l;
            this.w=w;
            this.h=h;
        }
        double    volume()    {
```

```
            return   l* w* h;
        }
    }
```

在 Java 中关键字 this 表示当前对象，即调用当前正在执行的方法的对象。

this 的另一个重要作用就是在构造方法中可以通过 this（参数表）的形式，调用同一个类的另一个构造方法。例如，重新定义类 Circle 如下：

```
class Circle {
    double radius;
    public Circle(double radius) {
        this. radius= radius;
    }
    public Circle() {
        this (5.0);
    }
    double findArea() {
        return radius* radius*Math.PI;
    }
}
```

结论：关键字 this 有两种使用方式。

this.成员; //调用被隐藏的成员变量或成员方法
this();//调用另外一个已定义的构造方法

☞ **重要提示**：Java 要求 this()语句只能出现在构造方法中且必须为构造方法的第一条语句。

3.2.6 方法重载

方法重载是指在一个类中可以有多个名字相同的方法，但这些方法的参数必须是不同的，或者是**参数个数不同**，或者是**参数类型**、**顺序不同**。返回值可以相同，也可以不相同。

例如，已经有一个方法 add()实现两个整数相加的功能，现在希望实现将三个数相加或两个实数相加的功能，是否需要重新定义一些新的方法呢？在 Java 中完全没有必要，只需要将 add 方法重载即可。通过方法的重载，只要记住一个方法名就可以处理多种类型的数据。所以，Java 中的方法重载是实现面向对象多态性的一种重要手段。

当一个重载方法被调用时，Java 编译器将根据传递给方法的实参类型、个数或顺序来区分实际调用的是哪一个方法。如果在一个类中有两个（或多个）同名方法的参数的类型、数量或顺序都相同，那么编译时会产生错误。

【例 3-15】利用方法重载实现不同类型、不同个数的数据相加。

```
class Addition {
    int add(int a,int b) {              //两个整数相加
        return a+b;
    }
    double add(double a,double b) {     //两个实数相加
        return a+b;
```

```
            }
            int add(int a,int b,int c) {            //三个整数相加
                return a+b+c;
            }
        }
        public class TestAddition {
            public static void main(String[] args) {
                Addition adt=new Addition();
                System.out.println("12+3="+adt.add(12,3));
                System.out.println("18.35+123="+adt.add(18.35,123));
                System.out.println("123+25+89="+adt.add(123,25,89));
            }
        }
```

上述程序中，add()被重载了三次。实现了同一个行为用同一个方法实现，这就是 Java 面向对象程序设计中**多态**的一种。

☞ **重要提示**：Java 的自动类型转换也适用于重载方法的形参，例如：

```
        double add(double a,double b) {            //两个实数相加
            return a+b;
        }
```

调用此方法的实参可以为整型数据。

同一个类中可以定义多个构造方法就是重载的重要体现。

3.2.7 类及成员的访问权限

封装是 Java 面向对象程序设计最为重要的特征之一。类的封装是指在定义一个类时，将类中的属性私有化，即使用 private 关键字来修饰类中的成员属性，私有属性只能在它所在的类中被访问。

视频 3-4

通过类的封装，可以对成员属性的赋值进行限制，以免不合理的情况出现，同时达到隐藏信息的目的。为了能让外界访问私有属性，一个私有属性变量一般需要提供两个公有方法：一个是**获取属性值的方法 getXxx()**，另一个是**设置属性值的方法 setXxx()**。

1. 类的访问权限

在声明一个类时，可以使用 public 设置类为公有的，也可以不使用权限修饰符 public，但不允许使用其他权限修饰符。即类访问控制只有 public（公共类）和无修饰符（默认类）两种。另外，当在一个文件中定义多个类时，只能有一个类可以说明为公共的（public），该文件必须用此类名作为文件名。

☞ **提示**：声明为 public 的类允许在任何包中使用，否则只能在同一包中使用。

2. 类成员的访问权限

对于类中的成员，Java 定义了 4 种访问权限，它们分别是 public（公共的）、protected（保护的）、private（私有的）和无修饰符或 default（默认的）。关键字 public、protected 和 private

则称为 Java 的访问权限控制修饰符。如果在声明一个成员时，没有用任何访问权限控制修饰符进行修饰，则称其为默认的访问权限。各修饰符所表示的访问范围如表 3-1 所示。

表 3-1 各修饰符所表示的访问范围

访问范围	private	默认修饰符	protected	public
同一类	✓	✓	✓	✓
同一包中的子类		✓	✓	✓
同一包中的非子类		✓	✓	✓
不同包中的子类			✓	✓
不同包中的非子类				✓

注："✓"表示可访问的范围。

例如，当类中的某一个变量不希望被其他类访问时，可以将此变量用 private 进行说明，程序如下。

```
class Data {
    private String data_string="Hello students!";
}
public class exp {
    public static void main(String[] args) {
        Data data=new Data();
        String string=data.data_string;
        System.out.println(string);
    }
}
```

程序中语句 String string=data.data_string;将会发生 data_string 变量是不可见（not visible)的语法错误。

【例 3-16】 信息隐藏示例。

```
import java.util.Scanner;
public class DemoPer {
    public String name;                  //公共属性：姓名
    private int age ;                    //私有属性：年龄
    public int getAge() {                //获取 age 属性值
        return age;
    }
    public void setAge(int age) {        //设置 age 属性值
        if (age <18 ) {
            System.out.println("错误！年龄应该大于或等于 18 岁");
            System.exit(0);              //退出程序运行
        }
        else {
            this.age = age;
        }
    }
}
public class TestDemoPer {
    public static void main(String[] args) {
        DemoPer per=new DemoPer();
```

```
            per.name="王  林";
            Scanner in=new Scanner(System.in);
            System.out.print("请输入年龄：");
            int age =in.nextInt();
            per.setAge(age);
            System.out.println(per.name+'\t'+per.getAge());
        }
    }
```

☞ **分析讨论**：1）在 TestDemoPer 类中，能否直接为 age 属性赋值？

2）运行程序，分别输入 15，20，程序的输出结果如何？

3.2.8　main()方法中的参数

main()方法是 Java 应用程序执行的入口，它具有 String[ ]类型的参数 args。一般方法的参数可以通过方法调用时的实参进行传递，那么 main()中的参数是如何传递的？它是在程序执行时由命令行提供的。当在命令行输入执行程序的命令时，紧跟在类名后的信息称为命令行参数，参数之间用空格分隔，这些参数被依次存储在字符串数组 args 中。

【**例 3-17**】　命令行参数的使用示例。

```
class CommandLine {
    public static void main(String args[]) {
        for(int i=0; i<args.length; i++)
            System.out.println("args[" + i + "]: " +  args[i]);
    }
}
```

1．使用命令行运行该程序

使用命令行执行这个程序，程序编译完成之后，在命令行输入以下命令：

　　java CommandLine　We　learn　Java　language.

执行后，输出结果如下：

　　args[0]: We
　　args[1]: learn
　　args[2]: Java
　　args[3]: language.

该命令行包含 4 个参数，程序运行时，系统将命令行参数传递给 main()的参数 args，并根据参数的先后次序存储在数据元素 args[0]、args[1]、args[2]、args[3]中。在存储时，系统将空格作为命令行参数间的分隔符，如果要使用带有空格的字符串作为参数，应将这样的参数用引号括起来。如下面的命令行参数：

　　java CommandLine　We　are　learning　"Java language"　！

这里共有 5 个参数：We、are、learning、Java language 和 !。

2．使用集成环境 Eclipse 运行该程序

将程序源代码在 Eclipse 环境编辑完成之后，右击代码编辑区的任意空白处，在弹出的快捷

菜单中选择"Run"→"Run Configurations"命令，打开如图 3-10 所示对话框，选择要运行的项目和程序；然后选择"Arguments"标签，打开如图 3-11 所示对话框，输入对应的命令行参数，单击"Apply"按钮，最后单击"Run"按钮运行此程序。

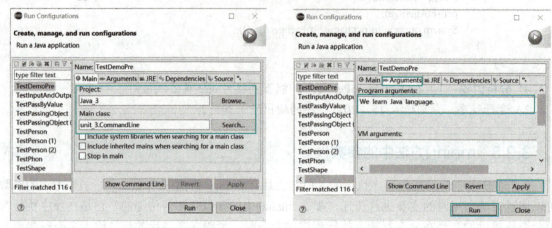

图 3-10　选择要运行的项目和程序　　　　图 3-11　设置命令行参数

【任务实施】

对班级"Java 程序设计"课程成绩进行分析处理，分别统计班级最高分、最低分、不及格人数及本课程的及格率。

任务 3-2

为完成本任务，分别设计了三个类。
1）实例类 SC，其中包括学生编号、学生姓名、课程编号、课程名和成绩。
2）成绩统计运算类 CResult，用于对成绩进行指定的统计运算。
3）主类（或称测试类）SCTest，用于运行该程序。
源代码请扫描二维码下载。
程序运行示例如图 3-12 所示。

图 3-12　任务 3.2 程序运行示例

☞ 说明：程序测试运行时，为了减少数据录入量，将学生人数调整为 5。

【同步训练】

工单 3-2

定义一个具有用户名和密码两个属性的管理员类，提供能够显示管理员信息的 toString() 方法。

要求：从控制台输入管理员的用户名和密码（最多输入三次），与程序内置的用户名和密码进行匹配，如果用户名和密码输入正确，显示"登录成功"，允许客户修改密码，并输出管理员信息；否则显示"不允许登录"，并退出程序。

【知识梳理】

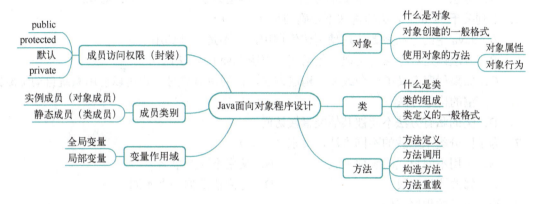

课后作业

一、填空题

1. 面向对象程序设计将客观世界看成由各种对象组成，共同特征和行为的对象组成类，类是由变量和_____组成的集合体。
2. 方法头中的关键字_____用来表示方法不返回任何值。
3. 数据成员定义中的关键字 final，表示该成员为_____。
4. 类中成员的访问权限有_____、_____、_____和无修饰符四种；类的访问权限有_____和_____两种。
5. 实例成员的访问格式为_____，类成员的访问格式有两种，即_____和_____。
6. 访问当前对象中的成员，可以使用关键字_____作为前缀。
7. 用户不能调用构造方法，只能通过关键字_____自动调用。
8. 类定义包括_____和类体的定义。
9. _____是一个特殊的方法，它用来定义对象的初始状态。
10. 在 Java 中，同一个类中可以定义两个或多个同名方法，但它们的参数必须不同，这称为_____。

二、选择题

1. 定义类中成员变量时，不可能用到的修饰符是（   ）。
   A．final   B．void   C．protected   D．static

2．对象的特性在类中表示为变量，称为类的（   ）。
   A．对象   B．属性   C．方法   D．数据类型

3．设 A 为已定义的类名，下列声明 A 类的对象 a 的语句中正确的是（   ）。
   A．float A a;   B．public A a=A();   C．A a=new int();   D．A a=new A();

4．如果类的方法没有返回值，该方法的返回类型应当是（   ）。
   A．null   B．void   C．static   D．public

5．每个类都定义有（   ），以便初始化其成员变量。
   A．方法   B．main()方法   C．构造方法   D．对象

6．下列关于 Java 中方法的说法不正确的是（   ）。
   A．Java 中的方法参数传递使用传值调用，而不是地址调用
   B．方法体是对方法的实现，包括变量声明 Java 的合法语句
   C．如果程序定义了一个或多个构造方法，在创建对象时，也可以使用系统自动生成的空的构造方法
   D．类的私有方法不能被其他类直接访问

7．为了区分类中重载的不同方法，要求（   ）。
   A．采用不同形式的参数列表   B．使用不同参数名
   C．修改访问权限   D．返回值数据类型不同

8．给出下面的程序代码：

```
class Test{
    private float a;
    static public void f(){
        ……
    }
}
```

下面能使成员变量 a 被方法 f()直接访问的是（   ）。
   A．将 private float a 改为 protected float a
   B．将 private float a 改为 public float a
   C．将 private float a 改为 static float a
   D．将 private float a 改为 float a

9．允许对类中成员的访问不依赖于该类的任何对象的修饰符是（   ）。
   A．abstract   B．static   C．return   D．public

10．在下列代码中，将引起一个编译错误的行是（   ）。

```
public class Test{
    int m,n;
    public Test() { }
    public Test(int a) {m=a;}
    public static void main(String args[ ]){
```

```
                Test t1,t2;
                int j,k;
                j=0 ;k=0 ;
                t1=new Test() ;
                t2=new Test(j,k) ;
        }
}
```
    A．第 3 行　　　　B．第 5 行　　　　C．第 6 行　　　　D．第 10 行

三、简答题

1. 简述属性、行为和方法的含义。
2. 什么是类、对象？它们之间的关系如何？
3. 请解释类变量、实例变量及其区别。
4. 请解释类方法、实例方法及其区别。
5. 类的访问控制符有哪几种？具体含义是什么？
6. 类中成员的访问控制符有哪几种？具体含义是什么？
7. 简述构造方法的特点。

四、程序设计

1. 定义一个 JDate 类，成员变量包括 year、month 和 day，成员方法包括 input_Date()和 output_Date()实现日期的输入和输出。在 main()方法中创建该类的对象并访问这些方法。

2. 定义一个表示职工信息的类 Staff，包括编号（id）、姓名（name）、性别（sex）、年龄（age）、就职部门（dept）和薪资（salary）6 个实例变量，类型自定义；其中年龄、薪资两个属性定义为私有。创建 5 个该类的对象（用构造方法初始化对象），输出这 5 个职工的信息，并计算 5 人的平均薪资。

单元 4　Java 继承

代码复用是提高软件质量及开发效率的有效途径。面向对象程序开发技术得以流行的原因之一就是基于类和对象的重用比面向过程的程序更容易，它为代码复用提供了有力手段。本章介绍与类复用相关的内容，包括类的继承、Object 类、抽象类、终结类以及 Java 包和接口的应用。

【学习目标】

知识目标
（1）理解 Java 继承的特点及作用
（2）掌握继承的实现方式
（3）熟悉继承的使用规则
（4）掌握抽象类、抽象方法的使用规则
（5）理解接口的概念及特点
（6）掌握接口的定义及实现
（7）理解 Java 包的概念及作用
（8）熟悉常用 Java API

能力目标
（1）能够正确使用继承，提高程序设计的编码效率
（2）能够合理使用抽象类和抽象方法实现继承
（3）会定义及使用接口
（4）能够正确使用继承实现多态，提高程序的可维护性
（5）会使用包进行类的管理
（6）能正确使用系统提供的类及方法

素质目标
（1）培养勤于思考、善于分析、敢于创新的行为意识
（2）在程序调试的不断纠错改错中，培养耐心细致、精益求精的精神

※ "骐骥一跃，不能十步；驽马十驾，功在不舍""锲而舍之，朽木不折；锲而不舍，金石可镂"。做任何事情，只要我们坚持不懈地去努力，都会取得成绩，学习编程也是一样，只要坚持不懈，没有克服不了的困难。

任务 4.1　不同类别学生信息的管理

【任务分析】

说到学生，在每个人的脑海中都会呈现出不同的学生形象。那么，如何对学生下一个定义

呢？百度百科是这样描述的："学生，也叫学子；一般指正在学校、学堂或其他学习地方**受教育的人**，而在研究机构或工作单位（如医院、研究所）学习的人也称学生，根据学习的不同阶段，我们可以把学生分为：幼儿园学生、小学生、中学生、高等院校学生（大学生、硕士研究生、博士研究生）等。"由此可见，"**接受教育**"是学生的共性，小学生、中学生、大学生又各有不同的特点。我们如何通过 Java 程序来描述学生这一群体呢？

通过本单元 Java 继承相关知识的学习，就可以非常高效地解决此问题。

【基本知识】

4.1.1 Java 中的继承

现实中我们提倡"优秀传统文化的传承与创新"，Java 中的继承与此可谓异曲同工。Java 中的继承是一种由已有的类创建新类的机制，是面向对象程序设计中最为关键的概念及编程技术。类的继承也称为类的派生，一个新类可以从另一个已存在的类派生，这个过程便称为类的继承。派生出的新类称为已有类的**子类**（Subclass）或派生类（Derivedclass），已有类称为基类（Baseclass）、**父类**（Parentclass）或超类（Superclass）。

视频 4-1

一个父类可以同时拥有多个子类，所以一般将多个类所具有的公共属性和方法的集合定义为父类，而每个子类是在公共属性和方法基础上的扩展。

类的继承性很好地解决了软件的代码重用性问题。通过继承，一个类可以拥有已有类的功能。即子类不但可以继承父类的行为和属性，它还可以根据需要增加自己的行为和属性。

图 4-1 显示了一个交通工具类的层次结构。在一个类的层次结构中，父类、子类都是相对的。

图 4-1 类的层次结构

由于 Java 只支持单重继承，因此 Java 程序中的类层次结构是树状结构。下面是一个使用继承的简单实例。

【例 4-1】 类继承程序示例。

```
class Vehicle{
    public void start(){
        system.out.println("Starting... ");
    }
}
class Car extends Vehicle{
```

```
            public void drive(){
                system.out.println("Driving...  ");
            }
        }
        public class TestVehicle{
            public static void main(string[],args){
                system.out.println("Creating a car...  ");
                Car c=new Car();
                c.start();
                c.drive();
            }
        }
```

程序中定义了三个类 Vehicle、Car 和 TestVehicle，TestVehicle 为主类。通过关键字 extends 将类 Car 说明为类 Vehicle 的子类，Car 除从 Vehicle 类中继承 start 方法，还可以添加自己的变量和方法，本例在 Car 类中添加了方法 drive。程序运行结果如下：

  Creating a car...
  Starting...
  Driving...

4.1.2 Java 继承的实现

Java 中的继承是通过在类声明中加入 **extends** 关键字来实现的。其一般格式如下：

  [类修饰符]　class 子类名　extends 父类名{
    //子类类体
  }

例如：

  class Car extends Vehicle

☞ 说明：子类继承父类应遵循以下规则。

1）子类可以继承父类中所有**非私有**的变量成员和方法成员。

2）子类不能继承父类的构造方法，因为父类构造方法创建的是父类对象，子类必须声明自己的构造方法，用于创建子类自己的对象。但在子类构造方法中可以（显式或隐式地）调用父类的构造方法。

3）子类可以声明自己的变量成员和方法成员。如果子类声明了与父类同名的成员，则不能继承父类的成员，此时子类成员会覆盖（或隐藏）父类的成员。

4）子类不能删除父类成员。

5）子类对象对父类对象的访问权限遵循表 3-1 中的访问范围规定。

6）extends 关键字后即为父类的名字。这个父类也可以是另一个类的子类，所以父类、子类是相对的。

【例 4-2】 子类的创建与实现示例 1。

  //创建父类 A

```java
class A {
    int i, j;
    void showij() {
        System.out.println("i and j: " + i + " " + j);
    }
}
//创建类 A 的子类 B
class B extends A {
    int k;    //k 是子类 B 增加的成员变量
    void showk() {
        System.out.println("k: " + k);
    }
    void sum() {
        System.out.println("i+j+k: " + (i+j+k));
    }
}
//主类
class Example {
    public static void main(String args[]) {
        A superObj = new A();
        B subObj = new B();
        //父类的对象可以使用自己的成员变量
        superObj.i = 10;
        superObj.j = 20;
        System.out.println("父类可用的成员变量有： ");
        superObj.showij();
        System.out.println();
        //子类可以引用父类的非 private 成员变量及子类自己的成员变量
        subObj.i = 7;
        subObj.j = 8;
        subObj.k = 9;
        System.out.println("子类可用的成员变量有： ");
        subObj.showij();
        subObj.showk();
        System.out.println();
        System.out.println("子类中成员变量的和为：");
        subObj.sum();
    }
}
```

该程序的输出如下：

  父类可用的成员变量有：
   i and j: 10 20
  子类可用的成员变量有：
   i and j: 7 8
   k: 9
  子类中成员变量的和为：

i+j+k: 24

本例中,子类 B 包括它的父类 A 中的所有成员。这就是为什么 subObj 对象可以获取 i 和 j 以及调用 showij()方法的原因。同样,在 sum()内部,i 和 j 可以被直接引用,就好像它们是 B 的一部分。

尽管子类包括父类的所有成员,但子类不能访问父类中被声明成 **private** 的成员。请看下面的程序。

【例 4-3】 子类的创建与实现示例 2。

```
//创建父类 A
class A {
    int i;                    //默认权限的成员变量
    private int j;            //只限于 A 使用的局部成员变量
    Public void setij(int x, int y) {
        i = x;
        j = y;
    }
    Public int getj() {return j ; }
}
//创建类 A 的子类 B
class B extends A {
    int total;
    void sum() {
        total = i + j;   //语法错误。子类 B 无权访问 A 类中的 private 成员 j
        total = i + getj();
    }
}
class Access {
    public static void main(String args[]) {
        B subOb = new B();
        subOb.setij(10, 12);
        subOb.sum();
        System.out.println("Total is " + subOb.total);
    }
}
```

该程序不能通过编译,因为一个被定义成 **private** 的类成员只为此类私有,不能被该类外的其他代码访问,包括它的子类。但是可以使用继承来的公有方法 getj()取得变量的值。

☞ **提示:** Java 中每个类都有父类,如果没有显式地标明类的父类,则隐含为 java.lang 包中的 Object 类。

4.1.3 成员的隐藏与覆盖

子类不仅可以继承父类的所有非私有成员,还可以对父类的属性变量及方法进行重新定义,分别称为变量隐藏和方法覆盖。

1. 变量隐藏

若子类定义了与父类同名的变量成员,则父类中同名的变量成员将被隐藏起来。当在子类对象中直接通过变量名访问变量成员时,访问到的是子类的同名变量,如果需要访问同名的父类变量,必须通过父类名或 super 关键字来访问。

【例 4-4】 变量隐藏示例 1。

```
//创建父类 A
class A {
    int i=100;
}
//创建类 A 的子类 B
class B extends A {
    int i=200;    //子类 B 的同名成员变量 i
    void print() {
        System.out.println("子类中 i=" + i);
        System.out.println("父类中 i=" + super.i);    //访问父类 A 的同名成员变量 i
    }
    public static void main(String args[]) {
        (new B()).print();
    }
}
```

程序的运行结果如下:

```
子类中 i=200
父类中 i=100
```

【例 4-5】 变量隐藏示例 2。

```
class A{
    int m=5;
    public void setM(int i){
        m=i;
    }
    void printa(){
        System.out.println("m="+m);
    }
}
class B extends A{
    int m=10;
    void printb(){
        super.m=super.m+20;
        System.out.println("super.m="+super.m+"   m="+m);
    }
}
public class Test{
    public static void main(String[] args){
        A a=new A();
```

```
        a.setM(50);
        a.printa();
        B b=new B();
        b.printb();
        b.printa();
        b.setM(60);
        b.printb();
        b.printa();
        a.printa();
    }
}
```

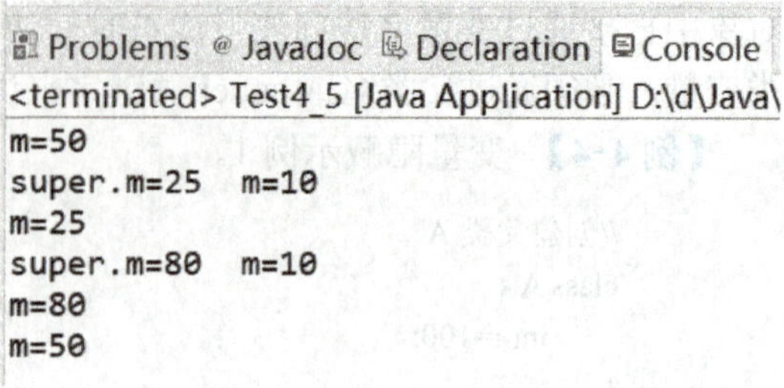

```
Problems @ Javadoc  Declaration  Console
<terminated> Test4_5 [Java Application] D:\d\Java\
m=50
super.m=25    m=10
m=25
super.m=80    m=10
m=80
m=50
```

图 4-2 【例 4-5】程序运行结果

程序运行结果如图 4-2 所示。

☞ 请分析运行结果,理解继承对成员变量的影响。

若将 Class A 中的 "int m=5;" 改为 "static int m=5;",再进行编译、运行,会得出什么结果呢?

2. 方法覆盖

子类中除了可以定义自己的方法之外,也可对父类中的方法进行重新定义,这种情况称为方法覆盖(或重写)。

当调用一个对象的方法时,Java 总是先在该对象所属的类中寻找该方法的定义,如果找不到,就到该类的上一级别的类中去寻找,直到找到该方法的定义。如果需要调用父类中被覆盖的方法,则使用关键字 super。

方法覆盖中需要注意的问题是,子类重新定义父类已有的方法时,应保持与父类完全相同的方法名、返回值和参数列表。

【例 4-6】 方法覆盖示例程序。

```
//创建父类 A
class A {
    int i;
    void setValue() {
        i=100;
    }
    public void   changeValue(){
        i=i-50;
    }
    public void   print(){
        System.out.println("父类中 i="+i); }
}
//创建类 A 的子类 B
class B extends A {
    int k;              //k 是子类 B 加入的成员变量
    void setValue(){
        k=200;
    }
    public void   changeValue(){
```

```
                k=k+50;
            }
        public void  print(){
            super.print();              //调用父类中的print()方法
            System.out.println("子类中 k="+k);
        }
    }
    public class MethOver {
        public static void main(String args[]) {
            A    obj1=new A();
            B    obj2=new B();
            obj1.setValue();
            obj1.changeValue();
            obj1.print();
            obj2.setValue();
            obj2.changeValue();
            obj2.print();
        }
    }
```

可以看出，父类的对象 obj1 调用的是父类中定义的方法，子类的对象 obj2 调用的是子类中重写的方法，所以程序的输出结果是：

父类中 i=50
父类中 i=0
子类中 k=250

☛ **注意**：如果将子类中 changeValue()方法和 print()方法的类修饰符改为 private，程序就不能通过编译，因为 Java 中规定，**子类中重定义的方法不能比它所覆盖的方法具有更严格的访问权限**。特别地，如果父类方法是 public，那么子类方法一定要声明为 public，否则将发生编译错误。

3．类的多态及实现

所谓多态是指不同对象对同一行为作出的不同反应，是继封装、继承之后，面向对象的第三大特性。例如，不同阶段学生的学习，就是同一行为，但学习的具体内容和具体实施过程是不一样的，现实中这种例子还有很多，Java 中称其为多态。即同一行为，不同对象有不同的实现方式或状态。

Java 面向对象程序设计中实现多态技术的两种重要手段是方法重载和方法覆盖，实际编程中要注意两者的区别。**方法覆盖**是对从父类所继承的方法进行重写，而且要求要保持与父类同名方法完全相同的方法声明部分（即应与父类有完全相同的方法名、返回值和参数列表）；**方法重载**是同一类中有多个同名方法，且要求与被重载的方法必须有不同的参数列表。

4.1.4 继承与构造方法

当一个类被实例化时，它的构造方法自动被调用。当一个子类被实例化时，即使没有加入任何调用构造方法的语句，子类的构造方法和父类的构造方法都被自动地调用。

【例 4-7】 隐含调用父类构造方法示例。

```
class SuperClass{
    public SuperClass(){
        System.out.println("SuperClass constructor");
    }
    public SuperClass(String msg){
        System.out.println("SuperClass constructor: " + msg);
    }
}
class SubClass extends SuperClass{
    public SubClass(String msg){
        System.out.println("SubClass constructor: "+msg);
    }
}
public class Test{
    public static void main(String args[]){
        SubClass descendent = new SubClass("Test");
    }
}
```

图 4-3 【例 4-7】程序运行结果

编译、运行 Test，程序运行结果如图 4-3 所示。

☞ **结果分析**：通过程序运行结果可以看出，创建子类时，隐含地调用了父类的无参构造方法，如果父类没有无参数的构造方法，子类又不明确地调用超类的构造方法，编译器将无法编译子类。

☞ **对比**：1）将 SuperClass 中的无参构造方法去掉，则产生语法错误。

2）如果在 SubClass 构造方法的第 1 行加入调用 SuperClass 构造方法的语句，程序也能正确运行。

如将【例 4-7】改为：

```
class SuperClass{
    public SuperClass(String msg){
        System.out.println("SuperClass constructor: " + msg);
    }
}
class SubClass extends SuperClass{
    public SubClass(String msg){
        super("Input message");        //调用父类构造方法
        System.out.println("SubClass constructor: "+msg);
    }
}
public class Test{
    public static void main(String args[]){
        SubClass descendent = new SubClass("Test");
```

            }
        }

※结论：

1）如果在子类的构造方法中没有明确地调用父类的构造方法，则系统在创建子类时会自动调用父类的默认构造方法（即无参构造方法）。

2）如果在子类的构造方法中有明确地调用父类构造方法的语句，则调用语句必须是子类构造方法的第一条语句。

4.1.5　super 和 final 关键字

1．super 关键字

在上一单元中曾学习过关键字 this，this 代表当前对象。关键字 super 代表父类，两者的使用方法非常相似。

关键字 super 可以用于两种用途：一是调用父类的构造方法；二是调用父类中的成员。

（1）调用父类的构造方法

super 用于调用父类的构造方法，其语法格式为：

　　super();

或

　　super(参数列表);

该语句必须是子类构造方法的第一条语句。

（2）调用父类中的成员

当在子类中定义了与父类同名的变量或方法时，父类中的同名成员被隐藏，如果要调用父类中的同名成员，则要加前缀 super。其语法格式为：

　　super.变量名;

或

　　super.方法名([参数列表]);

2．final 关键字

在 Java 中，关键字 final 可以用来修饰类、方法或变量。

（1）final 修饰类，阻止继承

在实际应用中并不是所有类都需要派生子类，对于一些不希望被继承的子类，为避免从这些类创建子类，可以使用 final 修饰符将它们定义为**最终类**。如：

```
final class bird{
    public void fly(){
        …
    }
}
```

该类将不能用来产生子类，否则将产生编译错误。

（2）final 修饰方法，阻止该方法被覆盖

如果一个方法不希望被覆盖，则可使用 final 将其说明为**最终方法**。如：

```
class animal{
    final void breath(){
        …
    }
}
```

该方法将不能被覆盖，否则同样会产生编译错误。

（3）final 修饰属性，用于声明常量

final 的另一个作用是用来声明常量。如：

```
final int A=10;
```

A 将被定义为常量，其值将不能再被改变。

【任务实施】

编程分别描述小学生、中学生、大学生的属性和学习特点。

1）任务分析。无论是小学生、中学生、大学生，各阶段学生均为学生，他们都具有学生的属性和行为。如都需要有学号、姓名、性别、年龄等基本的属性，都必须去完成学习的行为；但又因为他们处于不同的成长、学习阶段，各自又有一些独特属性，如大学生要有所学专业方面的属性，不同阶段学生完成学习这一行为所使用的学习方法也各不同。

2）任务实施。三类学生既有共同属性和行为，也有各自特别的属性和行为方式，为了提高编程效率，可以使用 Java 继承来实现。

首先定义父类 Student，然后分别定义代表小学生、中学生和大学生三个子类 SStudent、MStudent、GStudent，还要有一个提供程序执行入口的主类 TestStudent。4 个实体类的组成及关系如图 4-4 所示。

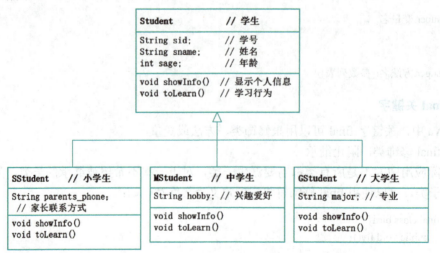

图 4-4 【任务实施】类图

三个子类需要重写父类方法，程序源代码请扫描二维码下载。

【同步训练】

任何几何图形都有周长和面积,并且都有各自的计算公式,设计一个可以计算几何图形面积和周长的程序。如计算圆形、长方形、正方形的周长和面积。

工单 4-1

任务 4.2 使用抽象方法实现学生类继承

【任务分析】

在任务 4.1 的任务实施中,父类中定义的表示"信息显示"和"学习行为"的两个方法并不完全适合各个子类,每个子类都需要对这两个方法进行重写,所以父类中对这两个方法的定义是不确定的。对于这种情况,Java 提供了抽象方法来满足这种编程需求。

【基本知识】

在类的继承中,子类可以继承父类的**所有非私有成员**,对父类中的方法可以直接进行调用。但有时可能会遇到这样一类问题:在父类中的某些方法无法或不需要给出具体的描述,而在其子类中又需要包含这些方法。此时,可将此类方法定义为**抽象方法**。而**抽象方法必须定义在抽象类中**。

4.2.1 抽象方法

Java 中用关键字 **abstract** 声明抽象方法,声明抽象方法的一般格式为:

　　abstract 　类型　方法名([参数列表]);

如:

视频 4-2

```
public abstract void computeArea();
public abstract void computePerimeter();
```

抽象方法只有方法的说明部分,方法体被一个分号(;)代替,方法的具体实现由各个子类完成。**所有的抽象方法必须存在于抽象类中。**

4.2.2 抽象类

所谓**抽象类**是不能使用 new 关键字进行实例化的类,即没有具体实例对象的类。抽象类同样使用 **abstract** 关键字进行修饰。

抽象类声明的一般格式为:

　　[public]　abstract　class 类名{
　　　　//类体
　　}

抽象类中可以包含常规类中能够包含的所有成员。如可将 Student 类定义为如下抽象类。

```java
abstract class  Student {
    String sid;                          //学号
    String sname;                        //姓名
    int sage;                            //年龄
    public abstractvoid showInfo();      //抽象方法
    public abstractvoid toLearn();       //抽象方法
}
```

☞ 说明：

1）包含抽象方法的类必须是抽象类。
2）抽象类和抽象方法必须用 abstract 关键字声明。
3）抽象方法只需要声明，不需要实现。
4）子类必须实现父类中所有的抽象方法。
5）不能用抽象类创建对象。

【例 4-8】 抽象类和抽象方法的使用示例。

```java
abstract class A {                       //定义一个抽象类
    abstract String getdata();           //定义一个抽象方法
    public void print() {
        System.out.print(getdata());
    }
}
class B extends A {
    String getdata() {                   //重写抽象方法
        return "Hello students!";
    }
}
public class Exp {
    public static void main(String[ ] args) {
        B b1=new B();
        b1.print();
    }
}
```

【任务实施】

使用抽象方法完成任务 4.1，可将父类 Student 定义为抽象类，程序代码如下。

```java
public  abstract class Student {         //父类
    String sid;                          //学号
    String sname;                        //姓名
    int sage;                            //年龄
    public Student(String sid, String sname, int sage) {
        super();
        this.sid = sid;
```

```
                this.sname = sname;
                this.sage = sage;
            }
            public abstract void showInfo();
            public abstract void toLearn();
        }
```
其他代码保持不变，此处不再重复。

【同步训练】

利用抽象类设计计算几何图形面积和周长的程序，如计算圆形、长方形、正方形的周长和面积。

任务 4.3 使用接口实现学生信息管理系统

【任务分析】

在学生信息管理系统中，除定义表示学生实体的类（**实体类**）之外，还需要定义各种完成系统功能的类（**业务处理类**），本任务的业务处理类中必须完成学生信息的增、删、改、查等基本操作，但不同实体实现业务的方式又各不相同，为了保证这些基本功能的实现，通常先定义一组约束或规范，约定好必须要实现的功能，Java 中的接口便可以实现这一需求。

【基本知识】

接口（Interface）类似于抽象类，只是接口中的所有方法都是**抽象**的，这些方法由实现这一接口的类具体完成。

Java 仅支持类的单继承，即一个类只能有一个父类。但实际应用中经常需要从多个类继承某些属性或行为的情况，接口则弥补了这种单继承性带来的不足。

4.3.1 接口的定义

接口是由一些抽象方法和常量所组成的一个集合。它的定义与抽象类类似，只定义了类方法的原型，而没有直接定义方法的内容。其定义格式为：

```
[public]  interface  接口名  [extends  接口1，接口2，...]  {
    类型标识符   常量名1 = 常数;
    类型标识符   常量名2 = 常数;
        ...
    类型标识符   常量名n = 常数;
    返回值类型   方法1(参数列表);
    返回值类型   方法2(参数列表);
        ...
```

返回值类型　方法 n(参数列表);
}

接口中定义的常量默认使用 public static final 进行修饰，即为静态常量；方法都默认使用 public abstract 进行修饰，即为抽象方法。同样，接口也不能用来实例化一个对象，它不是一个类。例如：

```
interface Callback {
    float  PI=3.14159;
    void callback(float  param);
}
```

定义了一个简单的接口，该接口包含一个符号常量 PI 和带一个单精度实型参数的 callback() 方法。

4.3.2　接口实现

一旦接口被定义，一个或多个类可以实现该接口。Java 中使用关键字 implements 实现接口。实现接口的一般格式如下：

```
[public ] class  类名  [ extends  父类名称] [ implements  接口名列表] {
        类体
}
```

☞ 说明：

1）如果一个类实现多个接口，这些接口名之间用逗号分隔。

2）当一个类实现某个接口时，必须实现接口中的所有方法，**且方法必须声明为 public**；如果不能实现，也必须写出一个空方法。而且，实现方法的类型必须与接口定义中指定的类型严格匹配。

3）允许多个类实现同一接口。

下面是一个实现 Callback 接口的类 Area 的定义。

```
class Area implements Callback {
    public void callback(float  r) {
        System.out.println("半径为"+r+"圆的面积是： " + PI*r*r);
    }
}
```

☞ 注意：callback()必须用 public 修饰符声明。

【例 4-9】 根据用户要求在控制台输出不同的图形，程序源代码如下：

```
interface Shape {         //定义接口
    void draw();
}
class Circle implements Shape {
    void draw() {
        System.out.println("draw Circle.");
    }
```

```
    }
    class Square implements Shape {
        void draw() {
            System.out.println("draw Square.");
        }
    }
    class Triangle implements Shape {
        void draw() {
            System.out.println("Tdraw riangle.");
        }
    }
    class TestShape{
        public static void main(String[] args){
            drawShape(new Circle);
        }
        static void drawShape(Shape s){  //s 可以是实现 Shape 接口的任何类的对象
          s.draw();
        }
    }
```

☞ **程序分析**：在接口 Shape 中声明了一个 draw()方法，在实现接口的不同类中完成了不同的功能；通过 drawShape(Shape s)方法可以打印出各种图形。

☞ **特别提示**：接口就相当于一份契约，定义了一组规范和约定，约定了实现类应该要实现的功能，但是具体的类除了实现接口约定的功能外，还可以根据需要实现其他一些功能。

4.3.3　Java 多态性

封装、继承、多态是 Java 面向对象编程的三大特征，也称为三大基石。

封装是把客观事物封装成抽象的类，并且类可以把自己的数据和方法只让可信的类或者对象操作，对不可信的进行信息隐藏。类中成员的属性有 public、protected、default、private，这四个属性的访问权限依次降低。

封装可以隐藏实现细节，实现了代码模块化。

继承是指这样一种能力，它可以使用现有类的所有功能，并在无须重新编写原来类的情况下对这些功能进行扩展。

继承实现了代码重用，提高了代码编写效率。

多态是指不同对象在调用同一个方法时表现出的多种不同形态。利用多态可以使程序具有良好的可维护性和可扩展性。Java 中的多态有两种。

1）编译时多态：方法的重载。
2）运行时多态：Java 运行时系统根据调用该方法的对象类型来决定选择调用哪个方法。

多态实现有三个必要条件：一是要有继承，二是要有重写，三是**父类引用指向子类对象**。

【例 4-10】　多态性应用示例，对各类水果味道的描述。

```
    public abstract class Fruit {                    //抽象类，父类——水果
        String fname;
```

```java
    public Fruit(String fname) {
        super();
        this.fname = fname;
    }
    public abstract void showTaste();        //抽象方法,描述水果味道
}
public class Orange extends Fruit {          //子类——橙子类
    public Orange(String fname) {
        super(fname);
    }
    public void showTaste() {
        System.out.println("酸甜可口! ");
    }
}
public class Apple extends  Fruit {          //子类——苹果类
    public Apple(String fname) {
        super(fname);
    }
    public void showTaste() {
        System.out.println("非常甜! ");
    }
}
public class Child {                         //孩子类
    String name;
    public Child(String name) {
        super();
        this.name = name;
    }
    public void eat(Fruit fruit) {           //父类对象作为形参
        //参数是父类型"水果"类型,该父类及其子类的对象都可以作为实参传入
        System.out.print(this.name+"今天吃了一个"+fruit.fname+",");
        fruit.showTaste();
    }
}
public class TestFruit {                     //主类(测试类)
    public static void main(String[] args) {
        Child child1=new Child("小明");
        Child child2=new Child("小红");
        child1.eat(new Apple("苹果"));        //子类对象作为实参
        child2.eat(new Orange("橙子"));       //子类对象作为实参
        //实现动态绑定,在执行期间判断所引用对象的实际类型,根据其实际的类型调用其相应的方法
    }
}
```

程序运行结果如图 4-5 所示。

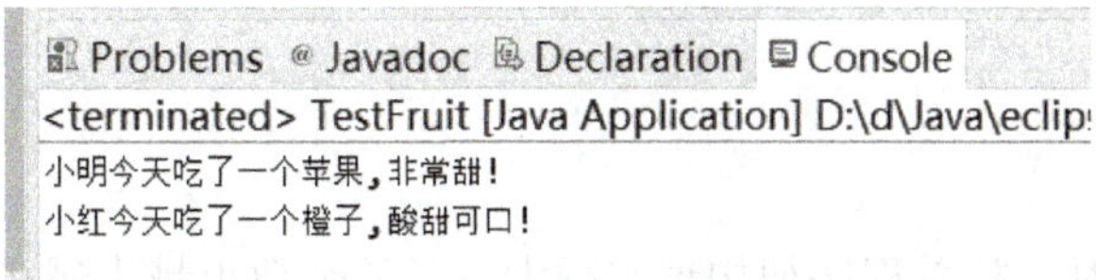

图 4-5 【例 4-10】程序运行结果

☞ 程序说明：

1）程序中使用了一个实现多态的关键手段："将子类的引用赋给父类对象（向上转型）"，也称为"父类引用指向子类对象"。相当于：Fruit apple =new Apple(); 声明的是父类类型，创建的是子类对象。

2）该程序具有较强的可扩展性。如若在程序中再增加一种水果——桃子，现在已有代码不需要做任何改动，只需要添加一个"桃子"子类，就可以完成。这就是多态的最大优势。

【任务实施】

学生信息管理系统中，为了实现学生信息的"增、删、改、查"这些基本功能，首先定义一个接口 StudentDao，在其中规定实现接口的类必须实现的功能。

```
public interface StudentDao {
    public User login(String uname, String upassword);
    public int addStudent(Student student);
    public int updateStudent(Student student);
    public int delStudentbyID(int sid);
}
```

这样就保证了在实现接口的类 StudentDaoImpl 中实现这些功能，否则 Java 编译系统将提示错误。

```
public class StudentDaoImpl implements StudentDao{
    ...
}
```

具体实现方式可以通过数组、文件或数据库等方式，读者在学习相关内容后，可用不同的方法去实现。

【同步训练】

编程模拟 USB 接口功能。

工单 4-3

任务 4.4 使用包对项目进行管理

【任务分析】

在学生信息管理系统中，为了实现系统规定的功能，分别设计了实体类、业务类、工具类、界面实现类、接口等多种不同功能的类，为了对这些类进行分门别类的管理，需要用到

"包"这一工具。

【基本知识】

在编写 Java 程序时，随着程序架构越来越大，类的个数也越来越多，就会发现维护类名称也是一件很麻烦的事，尤其是一些同名问题的发生。为了解决上述问题，Java 引入了包（Package）机制，提供了类的多层命名空间，用于解决类的命名冲突、类文件管理等问题。

包是类的一种组织方式。在操作系统中，用文件夹（目录）来组织管理文件，Java 则利用包来组织相关的类及各种相关文件并控制其访问权限，同一包中的类默认情况下可以互相访问。如同文件夹一样，包也采用了树形目录的存储方式，同一个包中的类名字不能相同，不同包中的类名字可以相同，当同时调用两个包中的同名类时，应该加上包名加以区别。

视频 4-4

4.4.1 包的定义

Java 中使用 **package** 关键字定义包，package 语句应该放在源文件的第一行，在每个源文件中只能有一个包定义语句。定义包的语法格式如下：

  package 包名；

Java 包的命名规则如下。

1）包名全部由小写字母（多个单词时也是全部小写）组成。
2）如果包名包含多个层次，每两个层次之间用 "." 分隔。
3）包名一般由倒置的域名开头，如 com.baidu。
4）用户自定义的包不能用 java 开头。

如果在源文件中没有定义包，那么类、接口等文件将会被放进一个无名的包中，也称为默认包（当前文件夹）。在实际企业开发中，通常不会把类定义在默认包下。

在使用 Eclipse 开发 Java 程序时，首先要建立项目，然后右击项目名下的 "src"，在弹出的快捷菜单中选择 "New" → "Package"，则打开 "New Java Package" 对话框，如图 4-6 所示。

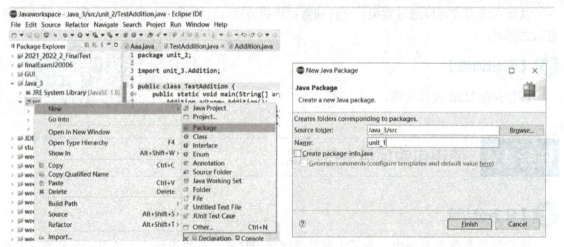

图 4-6   Eclipse 集成开发环境创建包

右击某个包名,可在该包下建立类,系统自动在类文件的第一行生成 package 语句。

4.4.2 导入其他包中的类

如果使用不同包中的其他类,需要使用该类的全名(包名+类名)。如:

unit.Test test = new unit.Test();

其中,unit 是包名,Test 是包中的类名,test 是类的对象。

为了简化编程,Java 引入了 **import** 关键字,import 可以向某个 Java 文件导入指定包层次下的某个类或全部类。import 语句位于 package 语句之后,类定义之前。一个 Java 源文件只能包含一条 package 语句,但可以包含多条 import 语句。

import 导入单个类的语法格式:

import 包名.类名;

如:import unit.Test;

import 导入指定包下全部类的语法格式:

import 包名.*;

import 语句中的星号(*)只能代表类,不能代表包,只能导入指定包下的所有类。

 提示:使用星号(*)可能会增加编译时间,特别是引入多个大包时,但是使用星号对运行时间和类的大小没有影响。

【例 4-11】包应用实例。将 Calculate 接口和 Sum 类存储在 ch04 包中,然后在 ch05 包中调用这些类。

```
package  ch04;   //创建包 ch04
interface Calculate{
    int   disp(int n);
}
public class  Sum  implements  Calculate{
    public int disp(int   n){
        int s=0,i;
        for (i=1;i<=n;i++)
            s=s+i;
        return   s;
    }
}
//ch05 包中的 Test 类
package   ch05;
import   ch04.*;
public   class   Test {
    public   static   void   main(String   args[]) {
        int n=10;
        Sum s=new   Sum();
        System.out.println("1—"+n+"的和为: "+s.disp(n));
```

```
        }
    }
```

程序运行结果：

    1—10 的和为：55

☞ **试一试**：将 Sum 类前面的 public 去掉，然后重新运行该程序，结果会怎样？

☞ **特别说明**：包的作用主要有以下几项。

1）能够较好地管理大量的类。

2）区分相同名称的类。

3）控制访问范围。不在同一个包中的类，即使通过 import 进行了导入，是否可以被访问，还取决于导入类及成员的访问权限（具体可查看单元 3 的 "3.2.7 类及成员的访问权限"）。

4.4.3 常用系统包及类

Java 提供了丰富的类库，为用户提供了丰富的应用程序接口（Application Programming Interface，API），这也是 Java 的重要特色之一。这些类库分别放在不同的 Java 系统包中。Java 中的常用系统包及其功能如表 4-1 所示。

表 4-1 Java 中的常用系统包及其功能

包 名	所提供类的主要功能
java.lang	Java 的核心类库，包含运行 Java 程序必不可少的系统类，如基本数据类型、基本数学函数、字符串处理、异常处理和线程类等，系统默认加载这个包
java.io	Java 语言的标准输入/输出类库，如基本输入/输出流、文件输入/输出、过滤输入/输出流等
java.util	包含处理时间的 Date 类、处理动态数组的 Vector 类，以及 Stack 和 HashTable 类
java.awt	构建图形用户界面（Graphical User Interface，GUI）的类库，包括基本绘图操作 Graphics 类、图形界面组件和布局管理类（如 Checkbox 类、Container 类、LayoutManager 接口等），以及用户界面交互控制和事件响应类（如 Event 类）
java.swing	构建图形用户界面组件类库
java.math	提供有关数学计算的类及其方法
java.net	实现网络功能的类库有 Socket 类、ServerSocket 类
java.sql	实现 JDBC 的类库
java.text	提供有关操作数据、文本、数字和消息的类及其方法

☞ **说明**：

1）java.lang.Object 类是类库中所有类的父类，也是 Java 程序中所有类的直接或间接父类，所以它包含了所有 Java 类的公共属性。

2）默认的情况下，程序只能访问 java.lang 中的类。要使用其他包里的类，可以通过包的名字来引用，或者把它们导入到源文件中。

1. 包装类

使用基本数据类型声明的变量不被视为对象，Java 语言专门提供了与基本数据类型相对应的类，称为**包装类**（或数据类型类），以便将基本数据类型当作对象使用。java.lang 包对每个基本数据类型都有一个相应的包装类，它的名字与基本数据类型的名字相似，不同的是，包装类是一个类，它提供构造方法、常量和处理不同类型的转换方法。表 4-2 给出了各个基本数据类型所对应的包装类的名称。

表 4-2 包装类

包装类（数据类型类）	基本数据类型
Boolean	boolean
Character	char
Double	double
Float	float
Integer	int
Long	long

下面通过两个实例介绍 Integer 类中的方法及其作用，其他包装类中的方法及作用与 Integer 类相似。Integer 类中定义了 MAX_VALUE 和 MIN_VALUE 两个属性及一系列方法。

【例 4-12】 输出 int 类型的最大值与最小值和 double 类型绝对值的最大值与最小值。

```
class Max_Min
    { public static void main(String args[])
        {System.out.println(Integer.MAX_VALUE);      //int 类型的最大值
        System.out.println(Integer.MIN_VALUE);       //int 类型的最小值
        System.out.println(Double.MAX_VALUE);        //double 类型绝对值的最大值
        System.out.println(Double.MIN_VALUE);        //double 类型绝对值的最小值
        }
    }
```

程序运行结果如下：

2147483647
−2147483648
1.7976931348623157E308
4.9E−324

【例 4-13】 数据类型类 Integer 类常用方法的使用。

```
class Typrc
    { public static void main(String args[])
        { int a=69;
        System.out.println(a+"的二进制是："+Integer.toBinaryString(a));
        //将十进制数转换为二进制数
        System.out.println(a+"的八进制是："+ Integer.toOctalString(a));
        //将十进制数转换为八进制数
        System.out.println(a+"的十六进制是："+Integer.toHexString(a));
        //将十进制数转换为十六进制数
        Integer bj= Integer.valueOf("123");
        Integer bj1=new Integer(234);                //创建整型对象
        Integer bj2=new Integer("234");
        int i=bj.intValue();                         //将对象转换为整型值
        System.out.println("bj="+bj);
        System.out.println("i="+i);
```

```
            System.out.println("bj1==bj2?"+bj1.equals(bj2));
        }
    }
```

程序运行结果如下：

    69 的二进制是：1000101
    69 的八进制是：105
    69 的十六进制是：45
    bj=123
    i=123
    bj1==bj2? True

☞ 说明：

1）valueOf()用于创建一个新对象，并将它初始化为指定字符串表示的值。一般格式为：

    valueOf(String s)

2）equals()检验两个对象是否相等。一般格式为：

    object1.equals(object2);

2．Math 类

Java.lang 包中的 Math 类提供了一些常量、基本的数学运算和几何运算方法，如求平方根函数、指数函数、对数函数、三角函数等。此类中的方法都是静态的，并且 Math 类是一个 final 类。Math 类中常用的常量和方法如表 4-3 所示。

表 4-3　Math 类中常用的常量和方法

常量/方法	说　　明
double E	常量 e(2.71828)
double PI	常量 π(3.14159)
static double sin(double numvalue)	计算角 numvalue 的正弦值
static double cos(double numvalue)	计算角 numvalue 的余弦值
static double pow(double a, double b)	计算 a 的 b 次方
static double sqrt(double numvalue)	计算给定值的平方根
static double exp(double a)	计算 e 的 a 次方
static double log(double a)	计算 a 的自然对数
static int abs(int numvalue)	计算 int 类型值 numvalue 的绝对值，也接收 long、float 和 double 类型的参数
static double ceil(double numvalue)	返回大于等于 numvalue 的最小整数值
static double floor(double numvalue)	返回小于等于 numvalue 的最大整数值
static int max(int a, int b)	返回 int 型值 a 和 b 中的较大值，也接收 long、float 和 double 类型的参数
static int min(int a, int b)	返回 a 和 b 中的较小值，也可接收 long、float 和 double 类型的参数
static int round(float numvalue)	返回指定数字的取整值（四舍五入），也可接收 long 类型的参数
static double random()	产生 0~1 之间的随机数

【例 4-14】　Math 方法使用示例。

    public class MFUN

```
{ public static void main(String[] args)
    { float a=3,b=4;
        System.out.println("exp(a)="+Math.exp(a));
        System.out.println("log(a)="+Math.log(a));
        System.out.println("sqr(a)="+Math.sqrt(a));
        System.out.println("abs(-a*b)="+Math.abs(-a*b));
        System.out.println("3*3*3*3="+Math.pow(a,b));
        System.out.println("max(a,b)="+Math.max(a,b)); //取 a,b 的较大值
    }
}
```

程序运行结果为：

exp(a)=20.05536923187668
log(a)=1.0986122886681096
sqr(a)=1.7320508075688772
abs(-a*b) =12.0
3*3*3*3=81.0
max(a,b)=4.0

3. Date 类

Date 类由 java.util 包提供，表示日期和时间，提供操纵日期和时间各组成部分的方法。Date 类的最佳应用之一是获取系统当前时间。Date 类的常用方法如表 4-4 所示。

表 4-4 Date 类的常用方法

方　法	说　明
public Date()	使用当前日期创建对象
public Date (long date)	使用自 1970 年 1 月 1 日开始到某时刻的毫秒数创建对象
boolean after(Date date)	如果日期在指定日期之后，返回 true
boolean before(Date date)	如果日期在指定日期之前，返回 true
boolean equals(Date date)	如果两个日期相等，返回 true
long getTime()	返回一个表示时间的长整型（毫秒）
void setTime(long time)	设定日期对象
String toString()	返回日期格式的字符串

【例 4-15】 Date 类使用示例。

```
import java.util.Date;
class DateTimeDisply{
    Date objDate;
    DateTimeDisply(){
        objDate=new Date();
    }
    void display() {
        String strDate , strTime = "";
        System.out.println("今天的日期是：    " + objDate);
        long time = objDate.getTime();
        System.out.println("自 1970 年 1 月 1 日起"+"以毫秒为单位的时间 (GMT)：" + time);
```

```
            strDate = objDate.toString();
            strTime = strDate.substring(11，(strDate.length()-4));
            strTime = "时间： " + strTime.substring(0，8);
            System.out.println(strTime);
        }
    }
    class DataTest{
        public static void main(String [] args){
            DateTimeDisply objDateTime=new DateTimeDisply();
            objDateTime.display();
        }
    }
```

4．Calendar 类

在 java.util 包中还提供了一个与日历相关的类 Calendar，它可以根据给定的 Date 对象以 YEAR 和 MONTH 等整型的形式检索信息。Calendar 类是抽象类，因此不能像 Date 类那样实例化。

GregorianCalendar 是 Calendar 的子类，可以实现 Gregorian 形式的日历。

Calendar 类的常用方法如表 4-5 所示。

表 4-5 Calendar 类的常用方法

方　　法	说　　明
void add(int originalvalue,int value)	将 originalvalue 指定的时间或日期增加一个 value 值
int get(int calFields)	返回调用对象 calFields 指定部分的值，如年、月、日等
Calendar getInstance()	返回默认地区和时间的 Calendar 对象
Date getTime()	返回与调用对象具有相同时间的 Date 对象
void set(int calFields,int val)	将 val 中指定的值设置为调用对象 calFields 所指定的时间或日期的值
void clear()	清除当前 Calendar 对象中的时间组成部分
boolean equals(Object c)	如果当前日历对象表示的 Calendar 实例与对象 c 相同，返回 true

Calendar 类中还定义了一些用于获取或设置日期时间组成部分的 int 常量，这些常量包括 DATE、HOUR、MINUTE、MONTH、YEAR、DAY_OF_MONTH 等。

【例 4-16】Calendar 类使用示例。

```
        import java.util.Date;
        import java.util.Calendar;
        class CalendarComponents{
            Calendar objCalendar;
            CalendarComponents() {
                objCalendar = Calendar.getInstance(); //获取一个 Calendar 对象
            }
            void display() {
                //显示 Date 和 Time 的组成部分
                System.out.println("\nDate 和 Time 的组成部分：");
                System.out.println("月： " + objCalendar.get(Calendar.MONTH));
                System.out.println("日： " + objCalendar.get(Calendar.DATE));
```

```
            System.out.println("年：" + objCalendar.get(Calendar.YEAR));
            System.out.println("小时：" + objCalendar.get(Calendar.HOUR));
            System.out.println("分钟：" + objCalendar.get(Calendar.MINUTE));
            System.out.println("秒：" + objCalendar.get(Calendar.SECOND));
            //向当前时间添加 30 分钟，然后显示日期和时间
            objCalendar.add(Calendar.MINUTE , 30);
            Date objDate = objCalendar.getTime();
            System.out.println("\n 向当前时间添加 30 分钟后的日期和时间：\n");
            System.out.println(objDate);
        }
    }
    class CalendarTest{
        public static void main(String [] args)
        {    CalendarComponents objComponents=new CalendarComponents();
            objComponents.display();
        }
    }
```

5. Random 类

java.util.Random 提供了产生各种类型随机数的方法。它可以产生 int、long、float、double 及 Gaussian 等类型的随机数。这也是它与 java.lang.Math 中的方法 Random()最大的不同之处，后者只产生 double 型的随机数。

Random 类的常用方法如表 4-6 所示。

表 4-6　Random 类的常用方法

方　　法	说　　明
public Random() public Random(long seed)	创建一个新的随机数生成器
int nextInt()	产生一个整型随机数
long nextLong()	产生一个 long 型随机数
float nextFloat()	产生一个 float 型随机数
double nextDouble()	产生一个 double 型随机数

【例 4-17】 Random 类使用示例。

```
    import java.lang.*;
    import java.util.Random;
    public class RandomApp{
        public static void main(String args[]){
            Random ran1=new Random();
            Random ran2=new Random(123);
            System.out.println("第一组随机数:");
            System.out.println("\t 整型:"+ran1.nextInt());
            System.out.println("\t 长整型:"+ran1.nextLong());
            System.out.println("\t 浮点型:"+ran1.nextFloat());
            System.out.println("\t 双精度型:"+ran1.nextDouble());
            System.out.print("第二组随机数:");
```

```
        System.out.println();
        for(int i=0;i<4;i++){
            System.out.println("\t 第"+i+"个随机数:"+ran2.nextInt()+" ");
        }
    }
}
```

程序的主要功能是输出两组随机数,第一组为不同类型的随机数;第二组为同种类型的不同随机数。

【任务实施】

为了便于对学生成绩管理系统中的类进行管理,本系统分别定义了以下几个包,用来存储相应的类。

pojo 包用于存放实体类,dao 包存放接口,impl 包存放接口的实现类,util 包存放工具类,view 包存放视图窗体类。项目结构如图 4-7 所示。

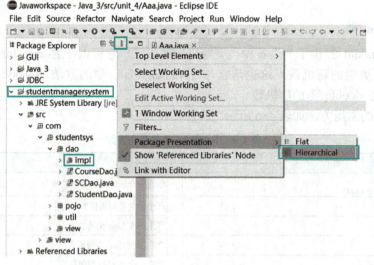

图 4-7　学生成绩管理系统项目结构

☞ 说明：选中 "Package Presentation" → "Hierarchical" 项,可展开项目中包的树形结构。

【同步训练】

编程模拟用不同手机打电话、发消息。要求如图 4-8 所示。

图 4-8　不同手机的使用方式

【知识梳理】

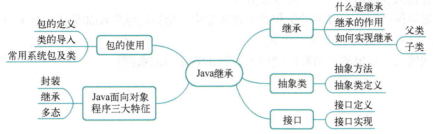

课后作业

一、填空题

1. Object 类是 Java 所有类的_____。
2. 接口是一种只含有抽象方法或_____的一种特殊抽象类。
3. 抽象方法使用关键字_____进行声明，抽象方法必须定义在_____中。

二、选择题

1. 下列对继承的说法，正确的是（   ）。
   A．子类能继承父类的所有方法和状态
   B．子类能继承父类的所有非私有方法和状态
   C．子类只能继承父类的 public 方法和状态
   D．子类只能继承父类的方法，而不能继承状态

2. 下列对接口的说法，正确的是（   ）。
   A．接口与抽象类是相同的概念
   B．实现一个接口必须实现接口的所有方法
   C．接口之间不能有继承关系
   D．一个类不可以实现多个接口

三、简答题

1. 什么是继承？什么是多态？方法的重载和覆盖有何区别？
2. 什么是抽象类？什么是接口？接口的功能是什么？接口与类有何异同？
3. 什么是包？包有何作用？如何引用包中的某个类？如何引用整个包？

四、程序设计

1. 定义一个接口，它含有两个抽象方法：第一个抽象方法用于实现在两个数中求最小数；第二个抽象方法用于实现在三个数中求最大数。定义一个类实现这个接口；再定义一个含有 main() 方法的主类来实现最小数和最大数的输出显示。

2. 定义一个学生类 CStudent，该类功能如下。

1）包含学生的姓名、性别、年龄和学号信息。
2）在类中设置一个变量来记录共有多少学生，即共为该类生成多少个实例。
3）具有输出学生个数的成员方法。
4）具有输入、输出学生信息的成员方法。
5）再派生两个类：全日制学生和业余在职学生，全日制学生添加监护人姓名及联系方式，业余在职学生添加工作单位及联系方式。
6）重载输入、输出成员函数以便输入、输出新添加的数据。

单元 5　异常处理

程序出错并不可怕，可怕的是程序出错为用户带来损失。异常处理不是为了让程序不出错，而是为了一旦程序出错，能够有一个相关的机制让程序执行一些代码来减少损失。这些代码是事先写好的，只有在错误发生的时候才会运行。异常处理可提高程序的健壮性和容错性。本章首先给出了异常的概念及 Java 中异常类的划分，随后讨论了异常的处理机制、异常处理方式及如何自定义异常。

【学习目标】

知识目标
（1）了解异常的定义、异常处理的特点
（2）掌握常见的异常类型
（3）熟悉异常处理机制
（4）掌握异常处理方式
（5）掌握自定义异常

能力目标
（1）能够使用 try、catch、finally 语句处理异常
（2）会使用 throws 声明抛出异常
（3）能够自定义异常并抛出

素质目标
（1）培养服务意识，提升考虑问题的缜密性
（2）培养做事一丝不苟、精雕细琢的匠心精神

※ 学而不思则罔，思而不学则殆。不贵于无过，而贵于能改过。我们要勤学善思，勇于发现问题，解决问题。

任务 5.1　程序运行异常

【任务分析】

在学生信息管理系统中，学生信息主要包含学号、姓名、性别、年龄、qq 号等信息，程序执行时，用户通过控制台依次录入各项信息，当用户录入合法数据时，程序可正常运行并得到预期结果；但如果用户误操作或输入非法数据，则会引起程序意外终止。为此，在程序设计中应该如何避免这些意外的发生呢？

【基本知识】

5.1.1 什么是异常

程序中的错误一般分为三类：编译错误、运行错误和逻辑错误。编译错误是因为程序存在语法问题，未能通过编译而产生的，由编译系统负责检测和报告，没有编译错误是一个程序运行的基本条件；逻辑错误是指程序不能按照预期的方案执行，它是机器本身无法检测的，需要人工对运行结果及程序逻辑进行分析，从中找出错误的原因；运行错误是程序运行过程中产生的错误，这类错误可能来自程序员没有预料到的各种情况，或者超出程序员控制的各种因素，如被零除、数组下标越界、不能打开指定的文件等，这类错误称为异常（Exception），也叫例外。Java 提供了有效的异常处理机制，以保证程序的安全性。

视频 5-1

程序在运行时发生的错误称为"异常"，在程序运行时跟踪这些错误被称为"异常处理"。在 Java 程序运行过程中硬件设备问题、软件设计错误或缺陷等很多情况都有可能导致异常的产生，例如：

1）想打开的文件不存在。
2）网络连接中断。
3）操作数超出预定范围。
4）正在装载的类文件丢失。
5）访问的数据库打不开。

由此可见，在程序中产生异常的现象是非常普遍的。在 Java 编程语言中，对异常的处理有非常完备的机制。异常本身作为一个对象，产生异常就是产生一个异常对象。这个对象可能由应用程序本身产生，也可能由 Java 虚拟机产生，这取决于产生异常的类型。异常对象中包括了异常事件的类型，以及发生异常时应用程序目前的状态和调用过程。

5.1.2 Java 异常类

Java 中的所有异常都是用类表示的。当程序发生异常时，会生成某个异常类的对象。Throwable 是 java.lang 包中的一个专门用来处理异常的类，它有两个直接子类：Error 和 Exception。常用异常类的层次结构图如图 5-1 所示。

1. Error 类

Error 类的异常为内部错误，包括动态链接失败、线程死锁、图形界面错误、虚拟机错误等，通常 Java 程序不能捕获这类异常，也不会抛弃这种异常。常见的错误类有 AnnotationFormatError、AssertionError、AWTError、LinkageError、CoderMalfunctionError、FactoryConfigurationError、ThreadDeath、VirtualMachineError、TransformerFactoryConfigurationError 等。

2. Exception 类

Exception 处理用户程序应当捕获的异常情况，Java 异常处理就是对 Exception 的处理。其中 RuntimeException 类为"运行时异常"，如被零除、数组下标越界等，包含所有运行时异常子类，另一类为"非运行时异常"，如 I/O 异常等。"运行时异常"是程序运行阶段才可能出现的异常，如果编码阶段不进行处理，不影响程序的编译。而"非运行时异常"在编码阶段必须进行处理，如果不进行处理，则会导致编译出错。常见的异常及其作用如表 5-1 所示。

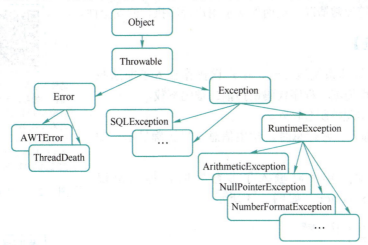

图 5-1　常用异常类的层次结构

表 5-1　常见异常及其作用

异常类	作　　用
Exception	异常层次结构的根类
RuntimeException	运行时异常的根类
ArithmeticException	算术错误情形，如以零作除数
IllegalArgumentException	方法接收到非法参数
ArrayIndexOutOfBoundException	数组大小小于或大于实际的数组大小
NullPointerException	尝试访问 null 对象的成员或方法
ClassNotFoundException	不能加载所需的类
NumberFormatException	数字转化格式异常，如字符串到 int 型数字的转换无效
InputMismatchException	输入不匹配异常
IOException	I/O 异常的根类
FileNotFoundException	找不到文件
EOFException	文件结束
InterruptedException	线程中断

Throwable 类常用的方法如下。

（1）public String getMessage()

返回该 Throwable 对象的详细信息。如果该对象没有详细信息，则返回 null。

（2）public void printStackTrace()

把该 Throwable 和它的跟踪情况打印到标准错误流。

（3）public void printStackTrace(PrintStream s)

把该 Throwable 和它的跟踪情况打印到指定打印流。

（4）public String toString()

返回该 Throwable 对象的简短字符串描述。

由于 Java 提供了有效的异常处理机制，当程序执行期间发生一个可识别的执行错误时，如果该错误有一个异常类与之相对应，那么系统就会产生一个相应的该异常类的对象。一旦一个异常对象产生了，系统中就一定有相应的机制来处理它，保证用户程序在整个执行期间不会产生死机、死循环等异常情况，从而保证了用户程序执行的安全性。

【任务实施】

在学生信息管理系统运行时，用户误操作输入了非法数据，程序因异常而崩溃。程序代码请扫描二维码下载。

运行程序，实现控制台输入。

1）当用户输入正常信息时，学生信息可以正确显示，如图 5-2 所示。

2）当用户输入年龄时输入了非数字时，提示出现 InputMismatchException，如图 5-3 所示。

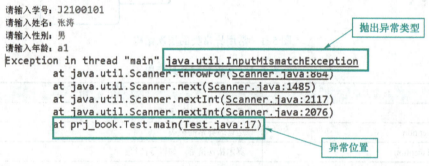

图 5-2 输入正常信息时的结果

图 5-3 输入非法信息时的异常结果

【同步训练】

定义一个字符串，通过键盘输入字符串，查看该字符串的长度，输出该字符串中的最后一个字符，并将该字符串转为整数。最后尝试访问该字符串中下标为 length()位置上的字符，查看是否可以正常访问。

工单 5-1

任务 5.2 利用异常处理解决程序运行异常

【任务分析】

前面在输入学生信息时发现，如果用户输入不正常的信息会导致程序崩溃，虽然无法保证用户每次都能按正确格式输入，但可以通过对可能会出现的问题提前进行处理保证程序不崩溃。

【基本知识】

5.2.1 Java 异常处理机制

Java 语言提供两种处理异常的机制：捕获异常和声明抛弃异常。

1. 捕获异常

在 Java 程序出现异常时,将会沿着方法的调用栈逐层回溯,寻找处理这一异常的代码。找到能够处理这种类型异常的方法后,运行时系统把当前异常对象交给这个方法进行处理,这一过程称为捕获(Catch)异常。这是一种积极的异常处理机制。如果 Java 运行时系统找不到可以捕获异常的方法,则运行时系统将终止,同时退出 Java 程序。

2. 声明抛弃异常

当 Java 程序出现异常时,如果一个方法并不知道如何处理所出现的异常,则可在方法声明时,声明抛弃(Throw)异常。

Java 异常处理具有以下特点。

1)Java 通过面向对象的方法进行异常处理,把各种不同的异常事件进行分类,体现了良好的层次性,提供了良好的接口,这种机制对于具有动态特性的复杂程序提供了强有力的控制方式。

2)Java 的异常处理机制使得处理异常的代码和常规代码分开,大大减少了代码量,增加了程序的可读性。

5.2.2 异常处理

Java 异常处理方式主要有三种。
1)使用 try-catch-finally 语句捕获异常。
2)通过 throws 子句声明自己要抛出的异常。
3)对于运行时异常可以不做处理,由 Java 虚拟机自动进行处理。

1. 捕获异常

如果程序中可能会发生异常,最好显式地对其进行处理。为此,可以使用关键字 try、catch 捕获程序发生的异常,并处理异常。将可能产生异常的代码放置在 try 块内,catch 语句块直接位于 try 块后,将处理异常的语句包含其中。try 块不能单独存在,其后必须跟 catch 块或 finally 块。一个 try 块可以有多条 catch 语句。一旦异常处理完毕,程序即可继续执行。捕获异常的 try-catch-finally 语句的语法格式为:

```
try{
    //可能引发异常的代码
}catch( ExceptionType1 e ){
    //对 ExceptionType1 进行处理的代码
}catch( ExceptionType2 e ){
    //对 ExceptionType2 进行处理的代码
}
    ...
finally{
    ...
}
```

(1) try

捕获异常的第一步是用 try{...}选定捕获异常的范围,由 try 所限定的代码块中的语句在执行过程中可能会生成异常对象并被抛弃。

（2）catch

每个 try 代码块可以伴随一条或多条 catch 语句块，用于处理 try 代码块中所生成的异常事件。catch 语句块只需要一个形式参数来指明它所能够捕获的异常类型，这个类必须是 Throwable 的子类，运行时系统通过参数值把被抛弃的异常对象传递给 catch 语句块。

catch 语句块中的代码用来对异常对象进行处理，与访问其他对象一样，可以访问一个异常对象的变量或调用它的方法。如可以使用 getMessage()方法得到有关异常事件的信息；用 printStackTrace()方法来跟踪异常事件发生时执行堆栈的内容等。

如果 try 中代码没有出现异常，则不会进入 catch 语句块。如果出现异常对象，则会依次与 catch 语句块中的异常类型进行验证，验证是否属于该类型的异常，如果是，则进入该 catch 语句块，后续 catch 语句块不再继续验证，即不会再执行后续 catch 语句块。如果出现的异常对象不属于所有 catch 语句块中的异常，则无法捕获该异常，该异常依然会导致程序崩溃，所以为防止此种情况，可以在最后的 catch 语句块设置捕获的异常类型为 Exception 类型。

（3）finally

捕获异常的最后一步是通过 finally 语句为异常处理提供一个统一的出口，使得在控制流转到程序的其他部分以前，能够对程序的状态做统一的管理。一般是用来关闭文件或释放其他的系统资源。虽然 finally 作为 try-catch-finally 结构的一部分，但在程序中是可选的，也就是说，可以没有 finally 语句。如果存在 finally 语句，不论 try 块中是否发生了异常或是否执行过 catch 语句，都要执行 finally 语句。

【例 5-1】 数组下标超界时的异常捕获。

```
public class Exception Test{
    public static void main(String args[]) {
        String str[] = { "北京", "山东", "上海" };
        int i = 0;
        while (i < 4) {
            try {
                System.out.println(str[i]);
            } catch (ArrayIndexOutOfBoundsException e) {
                System.out.println("数组下标越界");
            } finally {
                System.out.println("这行信息总是会打印，无论是否出现异常");
            }
            i++;
        }
    }
}
```

程序运行结果如图 5-4 所示。

本程序充分运用了 try-catch-finally 语句。其中数组 str 的长度为 3，在 while 循环中，当 i=3 时将产生数组越界访问，此时将产生一个异常，异常类型是 ArrayIndexOutOfBoundsException，所以此异常将被 catch 语句（catch 中的参数类型与异常类型

```
<terminated> TestException3 [Java Application] D:
北京
这行信息总是会打印，无论是否出现异常
山东
这行信息总是会打印，无论是否出现异常
上海
这行信息总是会打印，无论是否出现异常
数组下标越界
这行信息总是会打印，无论是否出现异常
```

图 5-4 【例 5-1】程序运行结果

相同）捕获，然后执行 catch 块中的语句，输出"数组下标越界"。对于 finally 语句，不管是否有异常发生都会被执行，所以每一次循环中都会输出"这行信息总是会打印，无论是否出现异常"。

2．声明异常

当 Java 程序运行时系统得到一个异常对象，如果一个方法并不知道如何处理所出现的异常，则可在声明方法时声明抛弃（throws）异常。

声明异常就是告诉编译系统在执行方法的过程中可能出现的错误，除 Error、RuntimeException，以及它们的子类之外，对大多数 Exception 子类来说，Java 编译器要求对一个方法中可能抛出的异常类型进行显式的声明。异常的声明通过关键字 throws 实现，其声明的一般格式为：

    修饰符　返回类型　方法名（参数列表）throws 异常列表
        {
            方法体;
        }

如：

    public void myMethod() throws IOException
      { … }

关键字 throws 指出方法 myMethod 有可能抛出异常 IOException。

如果方法中有可能抛出多个异常，异常列表中要一一列出，各异常之间用逗号隔开。

☞ **说明**：通过使用 throws 声明异常的方法不处理本方法中产生的异常，而是由调用它的方法来处理这些异常。

3．throw 抛出异常

除程序编译或运行阶段系统自动抛出异常外，用户还可以根据实际需求手动通过 throw 关键字抛出异常。如果手动抛出的异常为非运行时异常，则 throw 所在方法必须是通过 throws 关键字声明了异常的方法，或使用 try-catch 语句对该非运行时异常进行处理。即 throw 关键字用于显式地引发异常。其一般格式为：

    throw new XxxException();

或

    XxxException() ex = new XxxException();
    throw ex;

对于 throw 抛出的异常的处理方式与系统抛出的异常一样，有通过 try-catch 语句捕获异常和在方法中声明异常两种方式，如果为运行时异常，也可不进行处理。使用 try-catch 方式时应在 try 块中调用包含 throw 语句的方法。程序执行到 throw 语句会立即终止，并转向 try-catch 语句寻找异常处理的方法。

Java 的异常处理是通过 5 个关键词来实现的：try、catch、throw、throws 和 finally。用 try 来执行一段程序，如果出现异常，系统抛出一个异常，可以通过它的类型来捕捉它，并用相应的方法处理该异常。如果在程序结束之前必须执行一些操作（无论异常是否发生），则将此代码放置在 finally 块中。

5.2.3 自定义异常

尽管 Java 提供了相当多的异常类，但 Exception 提供的系统异常并不一定总能捕获到程序中发生的所有错误，当用户遇到了系统预定义的异常类不能描述的问题时，还需要创建用户自定义的异常，比如在银行系统中存钱的数据小于 0 即为一种异常现象。

视频 5-4

自定义的异常同样要用 try-catch 捕获，但必须由用户自己抛出，格式为：

  throw new MyException()

用户定义的异常必须继承自 Throwable 或 Exception 类，一般用 Exception 类。如：

  public class MyException extends Exception{//类体   };

Throwable 类中的方法都可以被自定义类继承，自定义类中还可以覆盖这些方法。

下面通过一个实例说明自定义异常的使用。

【例 5-2】 自定义异常应用示例。银行系统中存款异常处理，当用户存款数小于 0 时，程序报"存款不能为负数"的异常。

```java
import java.util.Scanner;
// 存取款金额异常类
class BalanceException extends Exception{
    public BalanceException() {
        super();
    }
    public BalanceException(String message) {
        super(message);
    }
    public String getMessage() {
        return super.getMessage();
    }
}

//定义银行类 Bank，该类具有存款方法
public class Bank{
    //存款方法，判断存款金额如果为负数，则声明抛出 BalanceException
    public static void deposit(int balance) throws BalanceException{
        if (balance<0){
            //创建自定义异常对象
            BalanceException balanceException = new BalanceException("存款不能为负数");
            //抛出异常
            throw balanceException;
        }else {
            System.out.println("存款成功");
        }
```

```java
public static void main(String[] args) {
    int balance;
    Scanner sc = new Scanner(System.in);
    System.out.println("请输入存款金额：");
    balance = sc.nextInt();
    //使用 try-catch 处理 BalanceException
    try{
        deposit(balance);
    }catch (Exception e) {
        e.printStackTrace();
    }
}
```

本程序当输入存款金额小于 0 时，程序抛出"存款不能为负数"的异常信息，否则显示"存款成功"。请同学们运行该程序并分析运行结果，进一步理解异常处理程序的设计方法。

【任务实施】

使用 try-catch-finally 解决用户不合理输入引起的程序崩溃，从而提高程序运行的可靠性，实现步骤如下。

1）将可能出现异常的代码（即输入学生年龄部分）放入 try 块。

2）使用 catch 块捕获 Exception 异常。程序开发阶段可以在 catch 块中将异常信息通过调用 printStackTrace()方法输出到控制台，以方便开发人员查看。

3）在 finally 块中再次提示用户输入正确的年龄。
程序代码请扫描二维码下载。

【同步训练】

自定义异常类 AgeOutOfRange,该类继承自 Exception 类，输入学生年龄，如果年龄不在 [18，30]之间，则认为输入数据异常，手动抛出异常，并处理。

【知识梳理】

课后作业

一、填空题

1. Java 中_____是所有异常类的父类，它有_____和_____两个直接子类，其中

_____类被认为是不能恢复的严重错误。

2. 与 Java 异常处理相关的 5 个关键字是_____、_____、_____、_____和_____。

3. 如果一个 try 程序段中有 3 条 catch 语句，则这些 catch 语句最多会执行_____次。

4. try 程序段中的_____子句在任何情况下都能执行。

5. 如果用户自己定义异常类，一般从_____类继承。

二、选择题

1. Throwable 类的（ ）方法，用于获取有关错误的详细信息。
   A．getMessage() B．toString() C．message() D．getOutput()

2. （ ）是 Throwable 类的父类。
   A．Exception B．Error C．Object D．RuntimeException

3. 能单独和 finally 语句一起使用的是（ ）块。
   A．try B．catch C．throw D．throws

4. 下列类在多重 catch 中同时出现时，（ ）异常类应该在最后列出。
   A．ArithmeticException B．NumberFormatException
   C．Exception D．ArrayIndexOutOfBoundException

5. 下面程序段的执行结果是（ ）。
```
public class Fx{
    public static void main( String[] arge){
        try{
            return;}
        finally{
            System.out.println("Finally!");
        }
    }
}
```
   A．程序正常运行，但不输出任何结果
   B．程序正常运行，并输出"Finally!"
   C．编译能通过，但运行时会出现一个异常
   D．因为没有 catch 块，不能通过编译

三、简答题

1. 什么是异常？试列出三个系统定义的运行时异常类。
2. try-catch-finally 语句的执行顺序是怎样的？
3. 简要说明 Java 的异常处理机制。
4. 异常类的最上层是什么类？它又有哪两个子类？

四、程序设计

有如下程序：
```
public class ExceptionTest{
    public static void main( String[] arge){
```

```
            String s1=arge[1];
            String s2=arge[2];
            String s3=arge[3];
            System.out.println(s1+s2+s3);
        }
    }
```

该程序编译之后，当用命令 java ExceptionTest red green blue 执行该程序时，会产生运行错误。请对这段代码进行异常处理，再执行这条命令时，在命令行输出："请再增加一个命令行参数"。

单元 6　多线程

多线程是 Java 的一个重要特征。在同一程序中，可以同时完成多个相对独立的任务，大大提高了程序的运行效率和处理能力。本单元介绍多线程的基本概念和实现方法及线程的控制方法。

【学习目标】

知识目标
（1）了解多线程的基本概念
（2）掌握多线程的实现方法
（3）理解线程的状态及不同状态间的转换
（4）掌握线程的控制方法
（5）熟悉共享受限资源的方法与线程间的同步

能力目标
（1）能够使用继承 Thread 类方式创建线程
（2）能够使用实现 Runnable 接口方式创建线程
（3）能够熟练控制线程同步

素质目标
（1）培养并行处理事务的能力
（2）养成良好的职业素养
（3）培养勇于探索的创新精神和善于解决问题的实践能力

※ 绳锯木断，水滴石穿。锲而舍之，朽木不折。让我们不断努力，持之以恒，在探索中不断增长智慧与才干。

任务 6.1　多窗口售票模拟

【任务分析】

大家乘坐高铁出行前会在网上订票或在高铁站窗口买票，因为多个窗口可能会在同一时间售卖同一车次的火车票，必须保证数据的一致性。本任务便是利用 Java 多线程机制，模拟高铁站多个窗口进行售票的过程。

【基本知识】

视频 6-1

6.1.1　什么是多线程

目前，大部分计算机上安装的都是多任务操作系统，即能够同时执行多个应用程序，最常见的有 Windows、Linux、UNIX 等，每个程序都好像是在独自运行并且有自己的 CPU。例如，在浏览器中访问一个网页的同时，可以播放声音和动画，可以打印文件。多任务操作系统通过周期性地将 CPU 切换到不同的任务，使其能够同时运行不止一个程序，由于 CPU 运行速度很快，能在极短的时间内在不同任务之间进行切换，所以每个程序都像是连续运行、一气呵成的。

对操作系统而言，每个运行的程序都是一个进程，在一个进程中还可以有多个执行单元同时运行，这些执行单元可以看作程序执行的一条条线索，称为线程。例如，当一个 Java 程序启动时，就会产生一个进程，该进程中会默认创建一个线程，在这个线程上会运行 main()方法中的代码。

在前面单元所涉及的程序中，代码都是按照流程顺序依次执行，没有出现两段程序交替运行的效果，这样的程序称为单线程程序。如果希望同一程序中实现多段程序代码交替运行的效果，则需要创建多个线程，即多线程程序。

6.1.2 线程的创建与启动

在 Java 中，要想创建多线程，有两种方式：一种是继承 Thread 类，一种是实现 Runnable 接口。

1. 继承 Thread 类

编写一个线程最简单的做法是从 java.lang.Thread 类继承，这个类已经具有了创建和运行线程所必需的架构。Thread 类最重要的方法是 run()，子类可以通过覆盖这个方法，以实现线程的具体行为。

通过继承 Thread 类的方法来实现多线程程序的具体步骤如下。

1）定义一个继承自 Thread 类的子类。

```
public class MyThread extends Thread {
    public MyThread() {
        //编写子类的构造方法
    }
    public void run() {
        //编写自己的线程代码
    }
}
```

2）创建一个线程对象。

```
MyThread threadObj=new MyThread();
```

3）启动线程。

```
threadObj.start();
```

需要注意的是，不要调用 Thread 类的 run()方法。直接调用 run()方法只会在当前线程中执行任务，并不会启动新的线程。正确的做法是调用 Thread 类的 start()方法，它会创建一个新的线程来执行 run()方法。

2. 实现 Runnable 接口

如果一个类已经继承了其他类，在这种情况下，它就不可能同时继承 Thread 类（Java 不支持多重继承）。这时，可以使用实现 Runnable 接口的方法来达到上述目的。要实现 Runnable 接口只需要实现 run()方法，而且 Thread 类也是从 Runnable 接口实现而来的。

通过实现 Runnable 接口的方法来实现多线程程序的具体步骤如下。

1）实现一个使用 Runnable 接口的类。

```
public class MyRunnableThread implements Runnable {
    public MyRunnableThread() {
        //编写子类的构造方法
    }
    public void run() {
        //编写自己的线程代码
    }
}
```

2）创建一个 Runnable 对象。

```
Runnable r=new MyRunnableThread();
```

3）由 Runnable 对象作为参数创建一个线程对象。

```
Thread t=new Thread(r);
```

4）启动线程。

```
t.start();
```

Runnable 类型的对象只有一个 run()方法，并不像从 Thread 继承而来的那些类，它本身并不带有任何和线程有关的特性。所以，从 Runnable 对象产生一个线程，还是要创建一个单独的 Thread 对象，并把 Runnable 对象传递给专门的 Thread 构造函数。然后，利用这个线程对象调用 start()方法，实现新线程的启动并调用其中的 run()方法。

☞ 说明：每个线程都有一个标识名，如果线程创建时没有指定标识名，系统会为其指定一个默认的线程名，分别为 Thread-0、Thread-1，并依次命名下去。

【例 6-1】 创建线程示例。

```
public class SimpleThread extends Thread {
    private int count = 2; //循环次数
    public SimpleThread() {//调用父类无带参构造函数
    }
    public SimpleThread(String name) {
        super(name);    //指定调用父类带参构造函数
    }
    public void run() {
        for(int i=0;i<count;i++) {
            //用 getName()获得当前线程名
            System.out.println(getName()+ ":" + i);
        }
```

```java
        }
    }
    class MyRunnableThread    implements Runnable{
        private int count = 2; //循环次数
        @Override
        public void run() {
            for(int i=0;i<count;i++) {
                //用静态方法 currentThread()获得当前线程
                System.out.println(Thread.currentThread().getName()+ ":" + i);
            }
        }
    }
    public class ThreadTest{
        public static void main(String[ ] args) {
            ////创建自定义线程类 simpleThread1 对象，不指定线程名
            SimpleThread simpleThread1 = new SimpleThread();
            //使用带线程名的构造方法创建线程对象
            SimpleThread simpleThread2 = new SimpleThread("新线程 2");
            //创建自定义线程类 myRunnableThread 对象，不指定线程名
            MyRunnableThread myRunnableThread = new MyRunnableThread();
            //使用带 myRunnableThread 参数的构造方法创建线程对象
            Thread thread3 = new Thread(myRunnableThread);
            //使用带两个参数的构造方法创建线程对象
            Thread thread4 = new Thread(myRunnableThread,"新线程 4");
            simpleThread1.start();
            simpleThread2.start();
            thread3.start();
            thread4.start();
        }
    }
```

上面的例子创建了 4 个线程，其中 simpleThread1、simpleThread2 通过定义类 SimpleThread 继承 Thread 类的方式实现。而 thread3、thread4 通过定义类 MyRunnableThread 实现 Runnable 接口方式实现。simpleThread1、thread3 由系统自动分配线程名，线程名分别为 Thread-0、Thread-1。simpleThread2、thread4 在创建时指定线程名，线程名分别为新线程 2、新线程 4。在 run()方法中循环 count 次输出当前线程信息。

因为线程调度机制的行为是不确定的，所以每次运行该程序都会产生不同的输出结果。其中，程序的两次运行结果如图 6-1 所示。

```
<terminated> ThreadTest [Ja\     <terminated> ThreadTest
Thread-0:0                       Thread-0:0
Thread-0:1                       新线程4:0
Thread-1:0                       新线程4:1
新线程4:0                         Thread-1:0
新线程4:1                         Thread-1:1
新线程2:0                         新线程2:0
新线程2:1                         Thread-0:1
Thread-1:1                       新线程2:1
```

图 6-1 线程程序两次运行结果图

6.1.3 线程状态与线程控制

Java 程序都有一个缺省的主线程，主线程是 main() 方法执行的线程。要想实现多线程，必须在主线程中创建新的线程对象。线程从创建到最终的消亡称为线程的**生命周期**，线程在整个生命周期中有多种不同的状态，并且可以通过调用相关方法改变线程的状态，从而实现对**线程的控制**。

视频 6-3

1. 线程的状态

线程的整个生命周期可以包含 5 个状态：新建状态（New）、就绪状态（Runnable）、运行状态（Running）、阻塞状态（Blocked）、死亡状态（Dead）。

1）**新建状态（New）**：新创建了一个线程对象，这时线程还没工作。

2）**就绪状态（Runnable）**：线程对象创建后，其他线程调用了该对象的 start() 方法，该状态的线程处于可运行状态，等待获取 CPU 的使用权。

3）**运行状态（Running）**：就绪状态的线程获取了 CPU，程序代码得以执行，线程进入运行状态。

4）**阻塞状态（Blocked）**：阻塞状态是线程因为某种原因放弃 CPU 使用权，暂时停止运行。直到线程进入就绪状态，才有机会转到运行状态。阻塞的情况分三种。

- **等待阻塞**：运行的线程执行 wait() 方法，JVM 会把该线程放入等待池中。
- **同步阻塞**：运行的线程在获取对象的同步锁时，若该同步锁被别的线程占用，则 JVM 会把该线程放入锁池中。
- **其他阻塞**：运行的线程执行 sleep() 或 join() 方法，或者发出 I/O 请求时，JVM 会把该线程置为阻塞状态。当 sleep() 状态超时、join() 等待线程终止或者超时、I/O 处理完毕时，线程重新转入就绪状态。

5）**死亡状态（Dead）**：线程执行完或者因异常退出 run() 方法，该线程结束生命周期。

图 6-2 显示了线程的各种状态及状态之间的转化关系。

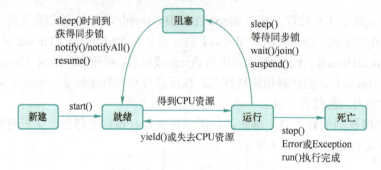

图 6-2 线程生命周期及状态改变

为了确定线程是否存活（处于可运行状态或被阻塞状态），可以使用 isAlive() 方法。如果线程是可运行或被阻塞的，这个方法返回 true；如果线程处于新生状态且不是可运行的，或者线程死亡了，则返回 false。

2. 控制线程的常用方法

所谓控制线程，就是在程序中可以根据某些特定的需求改变线程的状态，以达到控制线程执行的目的。常用控制线程的方法主要有线程休眠、线程让步、加入线程、设置线程优先级等方法。常用的线程控制方法及其使用如表 6-1 所示。

表 6-1 常用的线程控制方法及使用

方法（public）	功 能	应用示例
static void sleep(long millis) throws InterruptedException	在指定的毫秒数内让当前正在执行的线程休眠（暂停执行），该线程不丢失任何监视器的所属权。可以被 interrupt()方法中断	Thread.sleep(1000);//让线程休眠 1s，将线程转换成阻塞状态
static void yield()	暂停当前正在执行的线程对象，并执行其他线程	Thread.yield();//暂停线程执行，将线程转换成就绪状态
void setPriority(int newPriority)	更改线程的优先级，可以设置为在 MAX_PRIORITY（定义为 10）与 MIN_PRIORITY（定义为 1）之间的任何值，NORM_PRIORITY 被定义为 5	MyThread threadObj= new MyThread(); threadObj.setPriority(10);//线程的优先级是高度依赖于系统的。并不是设为最高就一定最先执行
int getPriority()	返回线程的优先级	int priority = threadObj.getPriority();
void setDaemon()	将该线程标记为守护线程或用户线程，在程序运行的时候在后台提供一种通用服务的线程，并且这种线程并不属于程序中不可或缺的部分	threadObj.setDaemon();//必须在线程启动之前调用 setDaemon()方法，才能把它设置为后台线程。当所有的非后台线程结束时，程序也就终止了
boolean isDaemon()	测试该线程是否为守护线程	boolean flag = threadObj.isDaemon();
void join()	加入线程，等待该线程终止	threadObj.join();//
void interrupt()	中断线程	threadObj.interrupt();
boolean interrupted()	测试线程是否已经中断	boolean flag =threadObj.interrupted();

【例 6-2】 加入线程用法示例。

```
class Sleeper extends Thread {
    public Sleeper(String name) {
        super(name);
    }
    public void run() {
        try {
            sleep(1000);
        } catch (InterruptedException e) {
            System.out.println(getName()+"被中断。");
            return;
        }
        System.out.println(getName()+"休眠时间结束。");
    }
}
class Joiner extends Thread {
    private Sleeper sleeper;
    public Joiner(String name,Sleeper sleeper) {
        super(name);
        this.sleeper=sleeper;
    }
    public void run() {
        try {
            sleeper.join();//等待 sleeper 线程终止
        } catch (InterruptedException e) {
```

```
                e.printStackTrace();
            }
            System.out.println("加入线程"+getName()+"结束。");
        }
    }
    public class Joining {
        public static void main(String[] args) {
            Sleeper s1=new Sleeper("Sleeper1") , s2=new Sleeper("Sleeper2");
            Joiner j1=new Joiner("Joiner1",s1) , j2=new Joiner("Joiner2",s2);
            s1.start();s2.start(); j1.start(); j2.start();
            //中断 s2 线程
            //s2.interrupt();
        }
    }
```

Joiner 线程将通过在 Sleeper 对象上调用 join()方法等待 Sleeper 醒来。在 main()里面，每一个 Sleeper 都有一个 Joiner。从输出内容可以发现，如果 Sleeper 被中断或者是正常结束，Joiner 将和 Sleeper 一同结束。该程序不加最后一行代码 s2.interrupt();的一次运行结果如图 6-3 所示，加 s2.interrupt();的一次运行结果如图 6-4 所示。

```
<terminated> Joining [Java Appli
Sleeper1休眠时间结束。
Sleeper2休眠时间结束。
加入线程Joiner1结束。
加入线程Joiner2结束。
```

图 6-3　运行结果图 1

```
<terminated> Joining [Java Appli
Sleeper2被中断。
加入线程Joiner2结束。
Sleeper1休眠时间结束。
加入线程Joiner1结束。
```

图 6-4　运行结果图 2

6.1.4　线程的同步

1．为什么要使用线程同步

视频 6-4

在多线程的环境中，可以同时做多件事情。但是，两个或多个线程同时使用一个受限资源的问题也出现了。例如，一个银行账户同时被两个线程操作，一个线程要实现取 100 元，一个线程要实现转账汇入 100 元。假设账户原本有 1000 元，如果取钱线程和转账汇入线程同时发生，会出现什么结果呢？如果不进行任何控制，则有可能出现取钱成功，但账户余额是 1100 元。多线程同步就是要解决这个问题。例 6-3 模拟不正确的银行事务。

【例 6-3】模拟不正确的银行事务。

```
class BankCount {
    private int count;//银行账户余额
    public int getCount() {
        return count;
    }
    public void setCount(int count) {
        this.count=count;
```

```java
        }
        public void withdraw(int money) { //取钱
            String name="[取款事务]: ";
            System.out.println(name+"开始。");
            int value=getCount();
            System.out.println(name+"当前余额为"+value+"元。");
            sleep(100);//调用 sleep 方法，睡眠 100ms 后继续处理
            setCount(value-money);
            System.out.println(name+"取出 100 元，当前余额为"+getCount()+"元。");
            System.out.println(name+"结束。");
        }
        public void deposit(int money) {//转账汇入
            String name="[转账事务]: ";
            System.out.println(name+"开始。");
            int value=getCount();
            System.out.println(name+"当前余额为"+value+"元。");
            sleep(100);//调用 sleep 方法，睡眠 100ms 后继续处理
            setCount(value+money);
            System.out.println(name+"转入 100 元，当前余额为"+getCount()+"元。");
            System.out.println(name+"结束。");
        }
        public void sleep(int time) {//线程睡眠
            try {
                Thread.sleep(time);
            } catch (InterruptedException e) {
                e.printStackTrace();
            }
        }
    }
    //测试
    public class UncorrectBankCountTest {
        public static void main(String[ ] args) {
            final BankCount count=new BankCount();
            count.setCount(1000);
            System.out.println("银行事务模拟开始......");
            //直接创建线程对象，重写其 run 方法，并调用 start 开启线程
            new Thread("取款事务") {
                public void run() {
                    count.withdraw(100);//取 100 元
                }
            }.start();
            count.sleep(50);//调用 sleep 方法，睡眠 50ms 后继续处理
            //直接创建线程对象，重写其 run 方法，并调用 start 开启线程
            new Thread("支票转账事务") {
                public void run() {
                    count.deposit(100);//转账 100 元
                }
```

```
                }.start();
        }
}
```
程序的一次运行结果如图 6-5 所示。

```
<terminated> UncorrectBankCountTest [Java Application] D:\P
银行事务模拟开始......
[取款事务]：开始。
[取款事务]：当前余额为1000元。
[转帐事务]：开始。
[转帐事务]：当前余额为1000元。
[取款事务]：取出100元，当前余额为900元。
[取款事务]：结束。
[转帐事务]：转入100元，当前余额为1100元。
[转帐事务]：结束。
```

图 6-5　银行事务运行结果

例 6-3 展示了使用线程的常见问题，即在试图使用某个资源的同时，不关心它是否正在被访问。为了让多线程能正确工作，需要采用某种方法防止两个线程访问同一个资源，至少是在某个关键时间内避免此问题。

要防止这类冲突，只要在线程使用资源的时候给它加上"一把锁"就行了。访问资源的第一个线程给资源加锁，然后其他线程就只能等到锁被解除后才能访问资源，锁被解除的同时另一个线程就可以对该资源加锁并进行访问了。

2. 同步实现方式

基本上，所有的多线程模式在解决线程冲突问题的时候，都是采用序列化访问共享资源的方案。这意味着在给定时刻只允许一个线程访问共享资源。这通常是通过在代码前面加上一条锁语句来实现的，这就保证了在一段时间内只有一个线程运行这段代码。因为锁语句产生了一种互相排斥的效果，所以这种机制常常称为"互斥量"（mutex）。

（1）同步方法

Java 的关键字 synchronized 为防止资源冲突提供了内置支持，可以通过把方法标记为 synchronized 的方式来防止资源冲突。下面是声明同步方法的语法。

```
访问控制符　synchronized　返回值类型　方法名称(参数)
{
    //方法体;
}
```

例：

```
public synchronized void method1() { }
public synchronized void method2() { }
```

每个对象都含有单一的锁（也称为监视器），这个锁本身就是对象的一部分。当在对象上调用其任意同步方法的时候，此对象都被加锁，这时该对象上其他同步方法只有等到前一个方法调用完成并释放了锁之后才能被调用。所以，对于某个特定对象来说，其所有同步方法共享同一个锁，这能防止多个线程同时访问被编码公用的内存。修改例 6-3 中的 BankCount 类的方法，将它们全部改为同步方法。

```
class BankCount {
    private int count;
    public synchronized int getCount() {
        …
    }
    public synchronized void setCount(int count) {
        …
    }
    public synchronized void withdraw(int money) {
        …
    }
    public synchronized void deposit(int money) {
        …
    }
    public synchronized void sleep(int time) {
        …
    }
}
```

（2）同步代码块

有时，我们只是希望防止多个线程同时访问方法内部的部分代码，而不是防止访问整个方法。通过这种方式分离出来的代码段被称为"临界区"（Critical Section），它也是使用 synchronized 关键字建立。这里，synchronized 被用来指定某个对象，此对象的锁被用来对花括号内的代码进行同步控制。

```
synchronized(syncObject) {
    //编写自己的代码
}
```

这也被称为"同步代码块"。在进入此代码前，必须得到 syncObject 对象的锁。如果其他线程已经得到了这个锁，那么就得等到锁被释放以后，才能进入临界区。

同步代码块必须指定一个对象才能进行同步，通常最合理的对象就是方法调用所应用的当前对象——synchronized(this)。这样，当为同步代码块请求锁的时候，对象的其他同步控制方法就不能被调用了，所以其效果不过是缩小了同步控制的范围。有时这并不符合我们的要求，这时可以创建一个单独的对象，并对其进行同步控制。

注：synchronized 关键字也可以修饰静态方法，调用该静态方法将会锁住整个类。

（3）锁对象

除了使用 synchronized 关键字外，Java SE 5.0 中引入了 ReentrantLock 类。使用 ReentrantLock 类保护代码块的基本结构如下。

```
myLock.lock();
try {
    //被保护的代码块;
} finally {
```

```
        myLock.unlock();
    }
```

该结构确保任何时候只有一个线程访问代码块。lock()方法为"被保护代码块"加锁，在没有被 unlock()方法解锁之前，其他线程无法执行"被保护代码块"，由此起到同步代码块的作用。

需要注意的是，把解锁操作放在 finally 语句中是至关重要的。如果被保护的代码块抛出异常，必须释放锁，否则其他线程将永远被阻塞。

【任务实施】

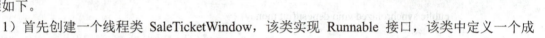

为实现多窗口售票，需要创建多个线程对象模拟多个窗口，实现步骤如下。

1）首先创建一个线程类 SaleTicketWindow，该类实现 Runnable 接口，该类中定义一个成员变量 ticket，ticket 代表当前车次剩余票数。

2）SaleTicketWindow 类实现 run 方法，在 run 方法体中编写 while 循环，在循环体中对当前剩余票数 ticket 进行判断，如果大于零，则表示依然可以售出。调用 sleep 方法，每隔 1s 将当前票数减 1，表示售卖一张。

3）为保证同时只有一个线程可执行票数减 1 操作，将该操作放置在同步代码块中。

4）通过 SaleTicketWindow 类实现创建多个线程对象，每个线程对象模拟为一个售票窗口，本任务中创建三个窗口用于售票。

多窗口售票模拟中 SaleTicketWindow 类的实现代码请扫描二维码下载。

5）运行程序，结果如图 6-6 所示。

6）当将 SaleTicketWindow 类中的 synchronized (this)删除，则项目运行结果出错，且每次结果都不固定，结果如图 6-7 所示。

图 6-6　三个窗口的售票结果　　　　　图 6-7　运行结果异常

【同步训练】

已知银行账户类 BankCount，该类有一个成员变量 balance 表示账户余额。定义线程类，用于对银行账户进行存钱及取钱操作。同时创建多个线程对象，在多个线程对象中对同一银行账户进行存钱及取钱操作，要求加入同步处理，保证数据的一致性。

任务 6.2　餐馆点餐场景模拟

【任务分析】

某个餐馆，有一个厨师和一个服务员，服务员必须等待厨师准备好食物才能上菜。当厨师准备好食物时，他通知服务员，后者将得到食物，然后回去继续等待。

视频 6-5

【基本知识】

6.2.1　线程间通信

在理解了线程之间可能存在相互冲突以及怎样避免冲突之后，下一步就是要学习怎样使线程之间相互协作。协作的关键是线程之间的"握手机制"，这种"握手"可以通过 Object 的方法 wait()和 notify()来安全地实现，也可以通过条件对象来实现。

有两种形式的 wait()。第一种接受毫秒数作参数，含义与 sleep()方法里参数的意思相同，都是指"在此期间停止"。不同之处在于，对于 wait()而言：

1）在 wait()调用期间对象锁是释放的。

2）可以通过 notify()、notifyAll()，或者令时间到期，从 wait()中恢复执行。

第二种形式的 wait()不要参数，这种方法更常见。wait()将无限等待下去，直到线程接收到 notify()或 notifyAll()消息。

一般情况下，在等待某个条件时——这个条件必须由当前方法以外的因素才能改变（一般由另一个线程所改变），就应该使用 wait()。这是因为如果在线程里测试条件的时候空等会极大地占用 CPU 时间，而 wait()允许在等待外部条件的时候让线程休眠，只有在收到 notify()或 notifyAll()的时候线程才唤醒，并对变化进行检查。所以，wait()为在线程之间进行同步控制提供了一种方法。

wait()、notify()及 notifyAll()有一个比较特殊的方面，那就是这些方法是基类 Object 的一部分，而不像 sleep()那样属于 Thread 类。所以，可以把 wait()放进任何同步控制方法里，而不用考虑这个类是继承自 Thread 类还是实现了 Runnable 接口。实际上，只能在同步控制方法或同步控制块里调用 wait()、notify()和 notifyAll()方法。如果在非同步控制方法里调用这些方法，会在运行的时候抛出异常（sleep()方法可以在非同步控制方法里调用，因为它不用操作锁）。

同锁对象一样，条件对象（Condition）也是在 Java SE 5.0 中引入的。条件对象与锁对象一起使用，一个锁对象可以有一个或多个相关的条件对象，通过锁对象的 newCondition()方法可以获得一个条件对象。Condition 接口为它的子类提供了 await()、signal()和 signalAll()三个方法，它们的使用方法与 wait()、notify()和 notifyAll()方法类似。

6.2.2 死锁

因为线程会被阻塞，且对象可以具有同步控制方法用以防止其他的线程在锁还没有释放的时候就访问这个对象，所以就可能会出现这样的情况：某个线程在等待另一个线程，而后者又在等待其他的线程，这样一直下去，直到这个链条上的线程又在等待第一个线程释放锁。这得到了一个线程之间相互等待的连续循环，没有哪一个线程能继续，这被称为"死锁"。

当下面 4 个条件同时满足时，就会发生死锁。

1) 互斥使用，即当资源被一个线程使用（占有）时，其他的线程不能使用。

2) 不可抢占，资源请求者不能强制从资源占有者手中夺取资源，资源只能由资源占用者主动释放。

3) 请求和保持，即当资源的请求者在请求其他资源的同时保持对原有资源的占有。

4) 循环等待，即存在一个等待队列：P1 占有 P2 的资源，P2 占有 P3 的资源，P3 占有 P1 的资源。这样就形成了一个等待环路。

因为以上 4 个条件同时满足时才发生死锁，所以要防止死锁，只需要破坏其中一个条件即可。Java 对死锁并没有提供语言层面上的支持，只能通过仔细地设计程序来避免死锁。

任务 6-2

【任务实施】

餐馆点餐模拟程序请扫描二维码下载。

程序的运行结果如图 6-8 所示。

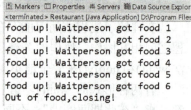

图 6-8　点餐程序的运行结果图

【同步训练】

已知一家蛋糕店有一名销售员和一名蛋糕师，该蛋糕师一天最多可做出 10 个生日蛋糕，销售员订出蛋糕后，必须等待蛋糕师完成蛋糕制作。当蛋糕师准备好蛋糕时，他通知销售员，后者将得到食物，然后回去继续等待。

工单 6-2

【知识梳理】

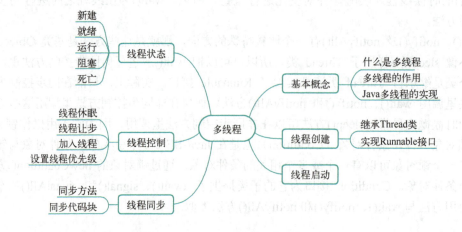

课后作业

一、填空题

1. 线程的创建有两种方法：实现_____接口和继承 Thread 类。
2. 下列程序段实现简单的线程调度，请回答以下问题。

    ```
    Thread myThread=new MyThreadClass();
        myThread.start();
        try {
            myThread.sleep(10000);
        } catch(InterruptedException e) {
        }
    ```

    程序执行完第 1 行后，线程进入_____状态；程序执行完第 2 行后，线程进入_____状态；程序开始执行第 4 行时，线程进入_____状态；程序执行完第 4 行后，线程进入_____状态。

3. 编译下面的程序，得到的结果是_____。

    ```
    public class A implements Runnable {
        public void run(){
            System.out.println("OK");
        }
        public static void main(String[ ] args) {
            Thread t=new Thread(new A());
            t.start();
        }
    }
    ```

4. 下面_____是 Runnable 接口中的方法。

    A．start   B．stop   C．yield   D．run

5. _____可以设置线程的优先级。

    A．当第一次创建线程时   B．在创建线程后的任意时间
    C．只有在线程启动后   D．以上都不对

6. 一个线程的 run 方法如下：

    ```
    try {
        sleep(100);
    } catch(InterruptedException e) {
    }
    ```

    假设线程不会被中断，下面说法中正确的是_____。

    A．代码不会被编译，因为异常不会在线程的 run 方法中被捕获
    B．在代码的第 2 行，线程将停止运行，至多 100ms 后恢复运行
    C．在代码的第 2 行，线程将停止运行，恰好在 100ms 恢复运行

D．在代码的第 2 行，线程将停止运行，在 100ms 后的某个时间恢复运行

二、简答题

1．什么是多线程？多线程与多进程的区别是什么？
2．怎样解决线程的并发访问问题？
3．线程有哪些状态？它们之间是如何进行转换的？
4．什么是死锁？如何防止死锁出现？

三、编程题

1．建立两个 Thread 的子类，一个在 run()方法中调用 wait()，另一个在 run()方法休眠几秒后对第一个线程调用 notifyAll()，使第一个线程能输出一条信息。

2．修改任务 6.2 的需求，加入多个服务员，并能够指明是谁得到了某个食物。注意在这个例子中必须使用 notifyAll()方法，而不是 notify()方法。

3．使用继承 Thread 类的方法实现一个多线程程序，该程序先后启动三个线程。每个线程首先输出一条创建信息，然后休眠一段时间，最后输出结束信息并退出。

4．用实现 Runnable 接口的方法实现以上要求。

单元 7　Java 集合框架

Java 集合框架（Java Collection Framework）存放在 java.util 包中，是一个用来存放对象的容器。集合框架中常用的实现类有 ArrayList、LinkedList、Vector、HashSet、HashMap 等。本单元将围绕 List 集合、Set 集合、Map 集合，以及它们的常用实现类对 Java 集合框架进行详细介绍。

【学习目标】

知识目标
（1）了解 Java 集合框架的组成及作用
（2）熟练掌握 Java ArrayList、LinkedList、Vector 的常用方法
（3）熟练掌握 HashSet、TreeSet 的常用方法
（4）掌握 HashMap 的常用方法
（5）了解泛型的作用及实现

能力目标
（1）能够使用 Java ArrayList、LinkedList、Vector 对集合进行增、删、改、查操作
（2）能够使用 HashSet、TreeSet 对集合进行增、删、改、查操作
（3）能够使用 HashMap 对集合进行增、删、改、查操作
（4）会使用泛型实现数据类型的处理

素质目标
（1）培养自主学习能力，勇于探索创新
（2）培养大国工匠的职业素养

※ 志不强者智不达；言不信者行不果。同学们应立志做有理想、敢担当、能吃苦、肯奋斗的新时代好青年。

任务 7.1　使用 List 集合存储学生信息

【任务分析】

在学生信息管理系统开发过程中，需要存储多位学生信息，由于学生个数不确定，不适合使用数组进行存储，这时可以使用 Java 中提供的集合工具进行处理。

【基本知识】

7.1.1 Java 集合框架

Java 集合框架主要由一组性能高效、使用简单、可用来操作对象的接口和类组成。Java 集合框架位于 java.util 包中，其中包括接口、接口实现类、具有静态方法的工具类等。Java 中的集合类是一种工具类，就像容器，**存储任意数量的具有共同属性的对象**。Java 集合的体系结构如图 7-1 所示。

视频 7-1

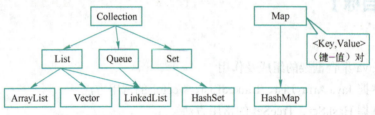

图 7-1 Java 集合的体系结构图

如图 7-1 所示，Java 集合类主要由两个根接口 Collection 和 Map 派生出来，Collection 派生出了三个子接口：List、Set、Queue（Java 5 新增的队列），因此 Java 集合大致也可分成 List、Set、Queue、Map 四种接口体系。（注意：Map 不是 Collection 的子接口）

List 代表了**有序可重复**集合，可直接根据元素的索引来访问；Set 代表无序不可重复集合，只能根据元素本身来访问；Queue 是**队列集合**；Map 代表的是**存储〈Key，Value〉（键—值）对**的集合，可根据元素的 Key 来访问 Value。其中 List 接口的常用实现类为 ArrayList、LinkedList、Vector；Set 接口的常用实现类为 HashSet；Map 接口的常用实现类为 HashMap。

7.1.2 ArrayList 及其使用

ArrayList 类是一个可以动态修改的数组，它与普通数组的区别就是没有固定大小的限制。ArrayList 实现了 List 接口，并提供了相关的添加、删除、修改、遍历等功能。ArrayList 的常用方法如表 7-1 所示。

表 7-1 ArrayList 的常用方法

功能	方法名	说明
创建对象	public ArrayList()	创建一个空的集合对象
添加元素	public boolean add(E e)	将指定的元素追加到此集合的末尾
	public void add(int index,E element)	在集合中的指定位置插入指定的元素
修改元素	public E set(int index,E element)	修改指定索引处的元素
删除元素	public boolean remove(Object o)	删除指定的元素
	public E remove(int index)	删除指定索引处的元素
访问元素	public E get(int index)	返回指定索引处的元素
	public boolean contains（E element)	判断集合是否包含指定的元素
返回元素个数	public int size()	返回集合中的元素的个数

【例7-1】 ArrayList 常用方法使用示例。

```java
//导入程序中需要用到的包
import java.util.ArrayList;
import java.util.Iterator;
import java.util.List;
public class Example7_1 {
    public static void main(String[] args) {
        //创建电影集合对象
        List movieList = new ArrayList();
        movieList.add("《我和我的祖国》");
        movieList.add("《建军大业》");
        movieList.add("《建党伟业》");
        movieList.add("《长津湖》");
        //调用 size()方法取得集合的大小
        System.out.println("集合中存储电影的数量: " + movieList.size());
        //在指定的索引位置添加电影
        movieList.add(2, "《团结起来到明天》");
        //判断集合中是否有《建军大业》这部影片
        if (movieList.contains("《建军大业》")) {
            System.out.println("集合中有《建军大业》这部影片");
        } else {
            System.out.println("集合中没有《建军大业》这部影片");
        }
        //从集合中删除《长津湖》这部影片
        movieList.remove("《长津湖》");
        //ArrayList 遍历方法一：循环调用 get()方法
        System.out.println("使用普通循环结构遍历: ");
        for (int i = 0; i < movieList.size(); i++) {
            String movieName = (String) movieList.get(i);
            System.out.println(movieName );
        }
        //ArrayList 遍历方法二：for each 方法
        System.out.println("使用 for each 遍历：");
        for (Object obj : movieList) {
            String movieName =(String) obj;
            System.out.println(movieName );
        }
        //ArrayList 遍历方法三：迭代法
        System.out.println("使用 Iterator 迭代器遍历：");
        Iterator movieIterator = movieList.iterator();
        while (movieIterator.hasNext()) {
            String movieName = (String) movieIterator.next();
            System.out.println(movieName);
        }
    }
}
```

1）本程序使用 ArrayList 集合对象保存了多个电影名称。然后调用 ArrayList 常用方法获取集合元素个数、向指定位置添加元素、判断集合中是否包含某元素、删除集合中的元素，以及遍历集合元素。程序运行结果如图 7-2 所示。

2）迭代器 Iterator。程序开发中经常需要遍历集合中的所有元素，对此 Java 专门提供了一个接口 Iterator。Iterator 主要用于迭代访问（即遍历）Collection 中的元素，因此 Iterator 对象也称为迭代器。

当利用 Iterator 迭代器遍历集合元素时，首先要创建一个迭代器对象，如：

    Iterator movieIterator = **movieList.iterator();**

迭代器的常用基本操作是 next()、hasNext()和 remove()。

next()会返回迭代器的下一个元素，并且更新迭代器的状态。

hasNext()用于检测集合中是否还有元素。

remove()将迭代器返回的元素删除。

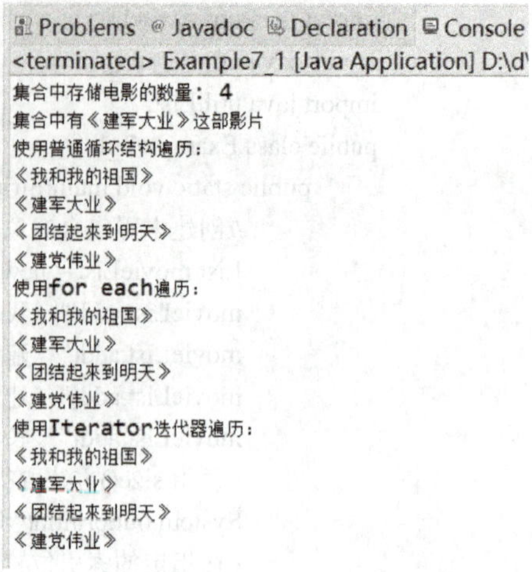

图 7-2 【例 7-1】程序运行结果

7.1.3 LinkedList 及其使用

ArrayList 集合在进行元素查询操作时非常高效，但在进行增加或删除操作时，因为需要移动大量元素，效率非常低，所以 Java 中引入了链表类 LinkedList。LinkedList 是一个双向链表结构，增加和删除操作的速度非常快。如果需要频繁地在列表开头、中间、末尾等位置进行添加和删除元素操作，可以选用 LinkedList。LinkedList 集合中增加和删除元素的特殊方法如表 7-2 所示。

表 7-2 LinkedList 集合中增加和删除元素的特殊方法

功能	方法名	说明
增加元素	public void addFirst(E e)	添加到第一个元素
	public void addLast(E e)	添加到最后一个元素
访问元素	public E getFirst()	获得表头的元素
	public E getLast()	获得表尾的元素
删除元素	public E removeFirst()	删除并返回第一个元素
	public E removeLast()	删除并返回最后一个元素
修改元素	public E set(int index, E element)	设置指定位置的元素

【例 7-2】 LinkedList 常用方法使用示例。

```
import java.util.LinkedList;
import java.util.ListIterator;
public class Example7_2 {
    public static void main(String[] args) {
        //创建链表实例
        LinkedList<String> courseLklist = new LinkedList<String>();
        courseLklist.add("英语");
        courseLklist.add("数学");
```

```
            courseLklist.add("音乐");
            System.out.println(courseLklist);
            //使用 addFirst() 在头部添加元素
            courseLklist.addFirst("Java 程序设计");
            System.out.println(courseLklist);
            //使用 addLast() 在尾部添加元素
            courseLklist.addLast("C 语言程序设计");
            System.out.println(courseLklist);
            //使用 removeFirst() 移除头部元素
            courseLklist.removeFirst();
            System.out.println(courseLklist);
    }
}
```

本程序使用 LinkedList 集合对象保存了多个课程的名称。然后调用 LinkedList 的常用方法在集合的头部、尾部进行元素的添加及删除。程序运行结果如图 7-3 所示。

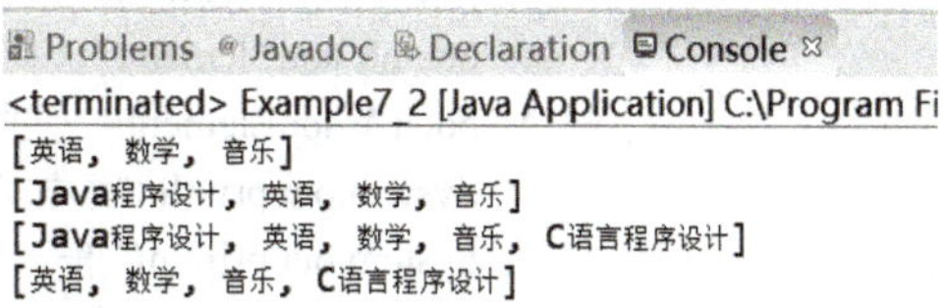

图 7-3 【例 7-2】程序运行结果

7.1.4 Vector 及其使用

Vector 实现了 AbstractList 抽象类和 List 接口，是一个动态数组，用来存储有序不唯一的集合。Vector 与 ArrayList 的不同之处在于 Vector 是同步访问且线程安全的。即某一时刻只有一个线程能够写 Vector，可以避免多线程同时写引起的不一致性。多线程访问时最好使用 Vector，以保证数据安全。Vector 的常用方法如表 7-3 所示。

表 7-3 Vector 的常用方法

功能	方法说明	实 例
创建对象	public Vector()	创建一个默认的向量，默认大小为 10
	public Vector(int size)	创建指定大小为 size 的向量
	public Vector(int size,int capacityIncr)	创建指定大小的向量，并且增量用 capacityIncr 指定，增量表示向量每次增加的元素数目
	public Vector(Collection c)	创建一个包含集合 c 元素的向量
添加元素	public void add(int index, Object element)	在向量指定位置插入指定元素
	public boolean add(Object o)	将指定元素添加到此向量的末尾
	public boolean addAll(Collection c)	将指定集合 c 中的所有元素添加到此向量的末尾，按照指定集合的迭代器所返回的顺序添加这些元素
	public void addElement(Object obj)	将指定的组件添加到此向量的末尾，将其大小增加 1
获取向量容量	public int capacity()	返回此向量的当前容量
删除元素	public removeElement(Object obj)	将向量中含有本组件的内容移除
	public removeAllElements()	把向量中所有组件移除，向量大小为 0
返回元素个数	public int size()	返回此向量中的组件数
访问元素	public E get(int index)	返回向量中指定位置的元素
	public Object firstElement()	返回此向量的第一个组件
	public Object lastElement()	返回此向量的最后一个组件

【例 7-3】 Vector 常用方法使用示例。

```
import java.util.Vector;
public class Example7_3 {
    public static void main(String[] args) {
        //TODO Auto-generated method stub
        //创建一个大小为 3 并且增量为 2 的向量
        Vector poemV = new Vector(3, 2);
        System.out.println("元素个数: " + poemV.size());
        System.out.println("Vector 容器容量: " + poemV.capacity());
        poemV.addElement("《岳阳楼记》");
        poemV.addElement("《满江红》");
        poemV.addElement("《春望》");
        poemV.addElement("《过零丁洋》");
        System.out.println("添加之后容器容量: " +poemV.capacity());
        System.out.println("第一个元素: " + (String)poemV.firstElement());
        System.out.println("最后一个元素: " +(String)poemV.lastElement());
    }
}
```

本程序首先定义了一个初始容量为 3、增量为 2 的 Vector 对象，然后向 Vector 容器中添加了 3 个元素，容器被填满后自动扩容两个元素的空间。程序运行结果如图 7-4 所示。

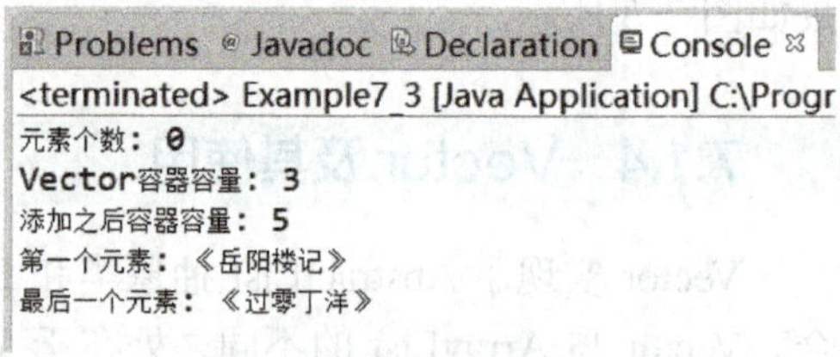

图 7-4 【例 7-3】程序运行结果

【任务实施】

创建一个存储学生信息的集合，对该集合进行增、删、改、查、遍历操作。每位学生包含学号、姓名、性别、年龄这些信息。

任务 7-1

任务实施步骤：

1）每位学生包含学号、姓名、性别、年龄，并且需要显示每位学生的详细信息，因此这里需要定义一个学生类，类属性包括学号、姓名、性别、年龄，类方法包括显示所有属性值的方法。

2）定义集合对象 ArrayList，将多个学生对象保存到集合中，然后进行其他操作。

程序源代码请扫描二维码下载。

程序运行结果如图 7-5 所示。

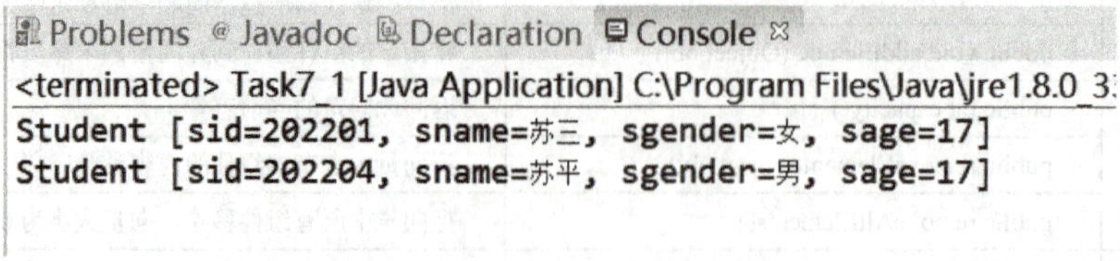

图 7-5 任务 7.1 程序运行结果

☞ **注意**：ArrayList、LinkedList、Vector 的区别

ArrayList、LinkedList、Vector 都实现了 List 接口，所以使用方式很类似，通过上面的示例

也能发现这一点。但是 ArrayList、LinkedList、Vector 的内部实现方式不同，也就导致了它们之间是有区别的。ArrayList 和 Vector 是基于数组实现的，LinkedList 是基于链表实现的。所以 ArrayList 适合随机查找和遍历，而 LinkedList 适合动态插入和删除元素。

ArrayList 和 LinkedList 是线程不安全的，Vector 是线程安全的。Vector 可以看作是 ArrayList 在多线程环境下的另一种实现方式，所以 Vector 的效率没有 ArrayList 和 LinkedList 高。ArrayList 和 Vector 都是使用 Object 类型的数组来存储数据的，ArrayList 的默认容量是 0，Vector 的默认容量是 10。

【同步训练】

开发小型电影 DVD 在线销售系统，完成如下功能。
1）使用 List 集合存储电影 DVD。
2）可以增、删、改、查集合中的电影 DVD。

工单 7-1

任务 7.2 使用 Set 集合存储学生信息

【任务分析】

使用 Set 集合，完成任务 7.1 中学生信息的存储及增、删、改、查的基本操作。

【基本知识】

Set 接口与 List 接口一样，同样继承自 Collection，两者的不同就在于：List 特点是元素有序，元素可以重复，被称为列表；Set 的特点是元素无序，元素不可以重复，被称为集合。

Set 接口主要有两个实现类，分别是 HashSet 和 TreeSet。HashSet 是根据对象的散列值来确定元素在集合中的存储位置，具有良好的存取和查找性能。TreeSet 则是以二叉树的方式来存储元素，可以实现对集合中的元素进行排序。

7.2.1 HashSet 及其使用

HashSet 所存储的元素不可重复且无序，是最常用的 Set 实现类，其常用方法如表 7-4。

视频 7-2

表 7-4 HashSet 的常用方法

功能	方法名	说明
创建对象	HashSet()	用于创建一个新的空 HashSet
增加元素	boolean add(E e)	如果指定的元素尚不存在，则将其添加到此集合中
访问元素	boolean contains(Object o)	判断访问的元素是否存在
删除元素	void clear()	删除集合中所有元素
	boolean remove(Object o)	如果存在，则从该集合中移除指定的元素
获取元素个数	int size()	返回此集合中的元素个数
是否为空	boolean isEmpty()	如果此集合不包含任何元素，则返回 true

☞ **注意**：HashSet 没有 get()和 set()方法，所以无法使用普通循环结构对其进行遍历，也不能修改某个元素。

【例 7-4】 HashSet 常用方法使用示例。

```java
import java.util.HashSet;
import java.util.Set;
public class HashSet_1 {
    public static void main(String[] args) {
        Set set = new HashSet<>();
        System.out.println(set.add("《念奴娇·赤壁怀古》")); //true
        System.out.println(set.add("《蝶恋花》")); //true
        System.out.println(set.add("《题西林壁》")); //true
        System.out.println(set.add("《念奴娇·赤壁怀古》"));
        //false，添加失败，因为元素已存在
        System.out.println(set.contains("《蝶恋花》")); //true，元素存在
        System.out.println(set.contains("《念奴娇·赤壁怀古》"));
        //true，元素存在
        System.out.println(set.remove("《望江南》"));
        //false，删除失败，因为元素不存在
        System.out.println(set.size()); //3，一共三个元素
        for (Object s : set) {           //遍历访问
            System.out.println(s);
        }
    }
}
```

本程序执行结果如图 7-6 所示。

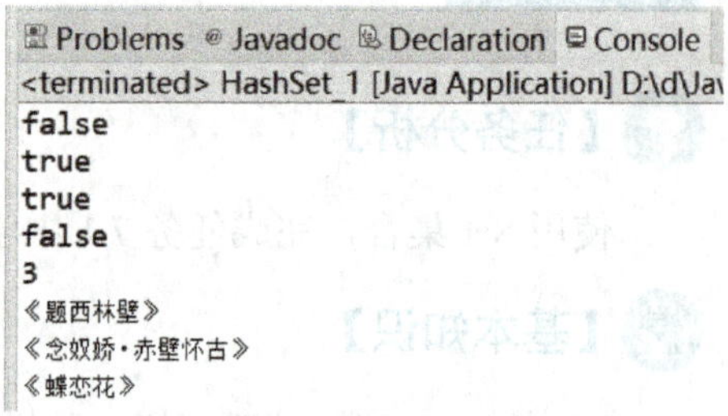

图 7-6 【例 7-4】程序执行结果

7.2.2 TreeSet 及其使用

TreeSet 是有序不可重复性的集合，它的主要作用是提供有序的 Set 集合。TreeSet 的常用方法如表 7-5 所示。

表 7-5　TreeSet 的常用方法

功能	方法名	说明
创建对象	public TreeSet()	用于创建一个新的空 HashSet
增加元素	public boolean add(E e)	向集合中添加某元素
访问元素	public boolean contains(Object element)	判断集合中是否包含此元素
删除元素	public void clear()	删除集合中的所有元素
	public boolean remove(Object element)	如果存在，则从该集合中移除指定的元素
获取元素个数	public int size()	返回此集合中的元素个数
是否为空	public boolean isEmpty()	如果此集合不包含任何元素，则返回 true

【例 7-5】 TreeSet 常用方法示例。

```java
import java.util.HashSet;
import java.util.Set;
```

```
import java.util.TreeSet;
public class TreeSet_1 {
    public static void main(String[] args) {
        //比对 HashSet(),验证 TreeSet()的有序性
        Set hset = new HashSet ();
        hset.add("apply");
        hset.add("bird");
        hset.add("pool");
        hset.add("oracle");
        System.out.print("HashSet 存储多个字符串
                (\"apply,bird,pool,oracle\"),输出：");
          for (Object s : hset) {
              System.out.print((String)s+" ");
          }
          System.out.println();
    Set   tset = new TreeSet();
          tset.add("apply");
          tset.add("bird");
          tset.add("pool");
          tset.add("oracle");
          System.out.print("TreeSet 存储多个字符串（\
                "apply,bird,pool,oracle\"),输出：");
            for (Object   s : tset) {
                System.out.print((String)s+" ");
            }
    }
}
```

程序执行结果如图 7-7 所示。

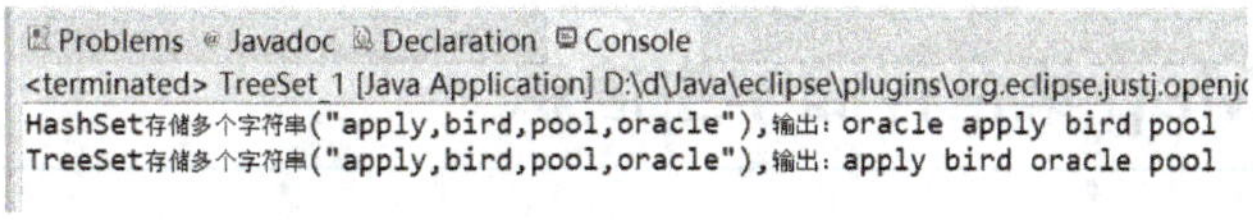

```
Problems  Javadoc  Declaration  Console
<terminated> TreeSet_1 [Java Application] D:\d\Java\eclipse\plugins\org.eclipse.justj.openj(
HashSet存储多个字符串("apply,bird,pool,oracle"),输出: oracle apply bird pool
TreeSet存储多个字符串("apply,bird,pool,oracle"),输出: apply bird oracle pool
```

图 7-7 【例 7-5】程序执行结果

可以看出，HashSet 输出的顺序既不是添加的顺序，也不是 String 排序的顺序，在不同版本的 JDK 中，这个顺序也可能是不同的。TreeSet 输出则是有序的，这个顺序是元素的排序顺序。

在添加元素到 TreeSet 集合时，TreeSet 集合会调用元素的 compareTo() 方法来比较元素之间的大小关系，并将集合元素按升序排列，这就是它的有序性。

任务 7-2

【任务实施】

对任务 7.1 中创建的学生对象用 HashSet 集合进行存储，对该集合进行增、删、改、查、遍历操作。程序源代码请扫描二维码下载。

程序运行结果如图 7-8 所示。

请读者使用 TreeSet 完成该任务。

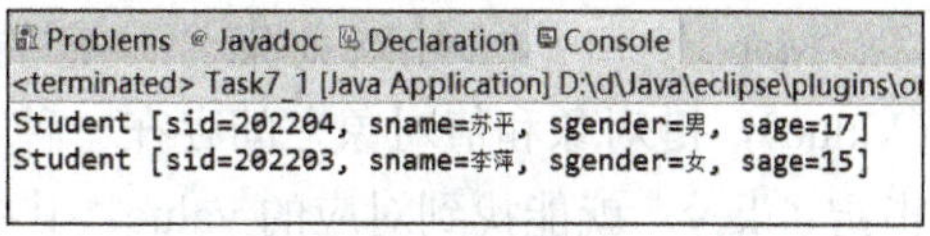

```
Problems  Javadoc  Declaration  Console
<terminated> Task7_1 [Java Application] D:\d\Java\eclipse\plugins\o
Student [sid=202204, sname=苏平, sgender=男, sage=17]
Student [sid=202203, sname=李萍, sgender=女, sage=15]
```

图 7-8 任务 7.2 程序运行结果

☞ **注意：** 如果 set 集合中存储的两个学生对象的信息完全相同，它们也会被当作两个不同的对

象。如用 Student stu4=new Student(202203,"李萍","女",15);语句创建对象并将其添加到集合中，stu4 不会被认为是与 stu3 相同的对象。为避免此类问题的发生，需要在 Student 类中重写其 hashCode 方法及 equals 方法，当两个对象的学号相等时，就认为是两个相等的对象，具体操作方法：在 Eclipse 中右击 Student 类编辑区的空白处，在弹出的快捷菜单中选择"Source"→"Generate hashCode() and equals"，在弹出的对话框中勾选"sid"字段，最后单击"Generate"按钮，则在 Student 类中自动生成 hashCode()方法及 equals()方法，如图 7-9 所示。

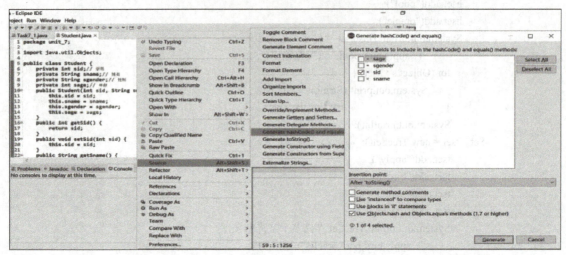

图 7-9　重写 hashCode()方法及 equals()方法

【同步训练】

使用 Set 集合开发小型电影 DVD 在线销售系统。

任务 7.3　用 Map 集合存储学生信息

【任务分析】

在任务 7.1 和任务 7.2 中，分别将多个学生对象保存到 List 或 Set 集合中，如果要在 List 或 Set 集合中根据学号查找某个学生的年龄，该怎么办？最简单的方法是遍历集合并判断学号是否相等，然后获取其年龄。当学生人数很多时，这种操作的效率会非常低。

这时可以采用 Map 这种键值（key-value）映射表的数据结构，高效地通过 key（学号）快速查找 value（年龄）。

【基本知识】

Map 接口是一种双列集合，它的每个元素都包含一个键对象（Key）和一个值对象（Value），键对象和值对象之间存在一种对应关系，称为映射。访问 Map 集合中的元素时，只要指定了 key，就能找到对应的 value，其中 key 不可以重复，value 可以重复。

Map 接口的主要实现类是 HashMap。

7.3.1 HashMap 及其使用

HashMap 的特点是访问速度快、遍历顺序不确定、线程不安全、最多允许一个 key 为 null、允许多个 value 为 null。HashMap 的常用方法如表 7-6 所示。

视频 7-3

表 7-6 HashMap 的常用方法

功能	方法名	说明
创建对象	public HashMap()	用于创建一个新的空 HashMap
增加元素	public void put（K key, V value）	将键-值对添加到 HashMap 中
	public void putAll(Map m)	将所有键-值对添加到 HashMap 中
	public putIfAbsent(K key, V value)	先判断指定的键（key）是否存在，若不存在，则将键-值对插入到 HashMap 中
访问元素	public get(Object key)	获取指定 key 对应的 value
	public getOrDefault(Object key, V defaultValue)	获取指定 key 对应的 value，如果找不到 key，则返回设置的默认值
	public keySet()	返回映射中所有 key 组成的 Set 视图
	public values()	返回映射中所有 value 组成的 Set 视图
删除元素	public void clear()	删除指定 HashMap 中的所有键-值对
	public void remove(Object key, Object value)	删除 HashMap 中指定键 key 的映射关系
获取元素个数	public int size()	计算 HashMap 中键-值对的数量

【例 7-6】 HashMap 常用方法使用示例。

```
import java.util.HashMap;
public class Example7_6 {
    public static void main(String[] args) {
        //创建 HashMap 对象 bookMap
        HashMap bookMap = new HashMap();
        //添加键-值对
        System.out.println("==============添加元素==================");
        bookMap.put(1, "《史记》");
        bookMap.put(2, "《三国演义》");
        bookMap.put(3, "《本草纲目》");
        bookMap.put(4, "《平凡的世界》");
        //注意：以上作为键的数字 1～4，系统自动默认为 Integer 对象
        System.out.println(bookMap);
        System.out.println("=============输出 key 和 value=========");
        //输出 key 和 value
        for (Object i : bookMap.keySet()) {
            System.out.println("key:" +(Integer) i + " value: " + (String)bookMap.get(i));
        }
        //返回所有 value
        for(Object value: bookMap.values()) {
            //输出每一个 value
```

```
            System.out.print((String)value + ", ");
        }
        System.out.println("\n=========统计元素数量==================");
        //统计元素数量
        System.out.println(bookMap.size());
        System.out.println("============访问元素==================");
        //访问元素
        System.out.println(bookMap.get(3));
        System.out.println("============删除元素==================");
        //删除元素
        bookMap.remove(4);
        System.out.println(bookMap);
        System.out.println("========删除所有键-值对==================");
        //删除所有键-值对
        bookMap.clear();
        System.out.println(bookMap);
    }
}
```

程序运行结果如图 7-10 所示。

```
<terminated> HashMap_1 [Java Application] C:\Program Files\Java\jre1.8.0
key: 2 value: 《三国演义》
key: 3 value: 《本草纲目》
key: 4 value: 《平凡的世界》
《史记》，《三国演义》，《本草纲目》，《平凡的世界》，
=========统计元素数量==================
4
============访问元素==================
《本草纲目》
============删除元素==================
{1=《史记》, 2=《三国演义》, 3=《本草纲目》}
========删除所有键值对==================
{}
```

图 7-10 【例 7-6】程序运行结果

7.3.2 泛型在集合中的使用

视频 7-4

在前面集合的学习中已经了解到，集合中可以存储任何类型的对象，但当把一个对象从集合中取出时，系统默认将这个对象认定为 Object 类型，所以在取出元素时要进行强制类型转换，否则就会出现错误。

为了解决这一问题，在 Java 中引入了"参数化类型"（Parameterized Type，即泛型）这一概念。泛型可以限定操作的数据类型，在定义集合类时，可以使用<参数化类型>的方式指定该集合中存储的数据类型，如：

  Set<Student> set = new HashSet<Student>();

set 集合中所有对象均为 Student 类型，当从集合中取出元素时则自动认定为 Student 类型，

无须再进行强制类型转换。

泛型同样可以用于 Map 集合。如：

Map<Integer, String> stuMap = new HashMap<Integer, String>();

创建一个 HashMap 对象 stuMap，其中键为整型（Integer），值为字符串（String）类型。

Iterator<String > movieIterator = movieList.iterator();

则定义了指向 String 类型元素的迭代器对象。

以上仅仅是用于集合元素类型定义的泛型，Java 中还有泛型类、泛型方法、泛型接口等，在此不再赘述。

【任务实施】

任务 7-3

使用 HashMap 存储学生对象，并根据学号进行查询的实现步骤如下。

1）将学生对象保存到 Map 集合中，Map 元素类型为<Integer, Student>键-值对，键为 Integer 类型，代表学号，值为 Student 类型，代表学生信息，每位学生包含学号、姓名、性别和年龄。

2）根据学号查询学生信息，并输出查询结果。

程序源代码请扫描二维码下载。

【同步训练】

工单 7-3

电影 DVD 在线销售系统中，每一部电影都属于一种电影分类，一种电影分类包含多部电影，请按照如下要求编程。

1）不同类型的电影分别存储在不同的集合中，每部电影包含属性 ID、电影名称、价格。

2）使用电影分类名称关联不同类别的电影集合，并实现对电影集合的增、删、改、查操作。

【知识梳理】

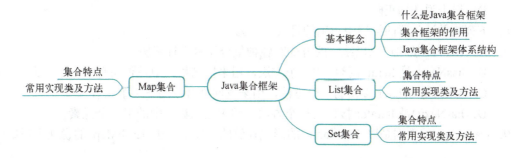

课后作业

一、选择题

1. 下列不属于 Collection 子接口的是（　　）。

A. List　　　　B. Map　　　　C. Queue　　　　D. Set

2. 已知 ArrayList 的对象是 list，以下方法用于判断 ArrayList 中是否包含"dodoke"的是（　）。

　　A. list.contains("dodoke");　　　　B. list.add("dodoke");
　　C. list.remove("dodoke");　　　　D. list.remove("dodoke");

3. 下列方法中可以获取列表中指定位置的元素的是（　）。

　　A. add(E e)　　B. remove()　　C. size()　　D. get(int index)

4. 下列有关 HashSet 的描述中正确的是（　）。

　　A. HashSet 是 Set 的一个重要实现类
　　B. HashSet 中的元素无序但可以重复
　　C. HashSet 中只允许有一个 null 元素
　　D. 不适用于存取和查找

5. 以下关于 Set 对象的创建语句中错误的是（　）。

　　A. Set set=new Set();
　　B. Set set=new HashSet();
　　C. HashSet set=new HashSet();
　　D. Set set=new HashSet(10);

6. 以下关于 Iterator 的描述中错误的是（　）。

　　A. Iterator 可以对集合 Set 中的元素进行遍历
　　B. hasNext()方法用于检查集合中是否还有下一个元素
　　C. next()方法返回集合中的下一个元素
　　D. next()方法的返回值为 false 时，表示集合中的元素已经遍历完毕

7. 定义一个 Worker 类，以下关于 hashCode()方法的说法中正确的是（　）。

　　A. 在 Worker 类中，hashCode()方法必须被重写
　　B. 如果 hashCode 的值相同，则两个 Worker 类的对象就认为是相等的
　　C. hashCode 的值不同时，两个对象必定不同
　　D. 以上说法均正确

8. 下列相关迭代器的描述中正确的是（　）。

　　A. Iterator 接口可以以统一的方式对各种集合元素进行遍历
　　B. hasNext()是 Iterator 接口的一个方法，用来检测集合中是否还有下一个元素
　　C. next()是 Iterator 接口的一个方法，用来返回集合中的下一个元素
　　D. hasNext()是 Iterator 接口的一个方法，用来返回集合中的下一个元素

9. HashMap 的数据是以 key-value 的形式存储的，以下关于 HashMap 的说法中正确的是（　）。

　　A. HashMap 中的键不能为 null
　　B. HashMap 中的 Entry 对象是有序排列的
　　C. key 值不允许重复
　　D. value 值不允许重复

10. 已知 HashMap 对象，如果希望根据 key 值输出对应的 value 值，应使用的语句是（　）。

A．hashMap.get(key); B．hasMap.getValue();
C．hashMap.getKey(); D．hashMap.Value();

11．以下关于 Set 和 List 的说法中正确的是（   ）。
A．Set 中的元素是可以重复的
B．List 中的元素是无序的
C．HashSet 中只允许有一个 null 元素
D．List 中的元素是不可以重复的

二、简答题

1．简述 List、Map 是否都继承自 Collection 接口。
2．简述 ArrayList 类的常用方法和作用。
3．简述 LinkedList 类的常用方法和作用。
4．简述 HashSet 类的常用方法和作用。
5．简述 HashMap 类的常用方法和作用。
6．请说明集合类 ArrayList 与 HashMap 的区别。

单元 8　Java 文件处理

程序设计中数据输入输出是必不可少的，将数据由外设读入到程序被称为数据输入，将数据由程序写入到外设被称为数据输出。通过键盘和显示器进行的数据输入输出被称为标准输入输出。本单元主要介绍通过文件进行数据的输入输出。

Java 采用面向对象的读写方式来操作文件，即将所要读写的文件数据转化为相应的流类的对象，然后通过流对象访问其方法。实现文件操作的输入输出类和接口都在 java.io 包中。

本单元重点介绍 java.io 包中的常用类：File、InputStream、OutputStream、Reader、Writer。

【学习目标】

知识目标
（1）理解文件读写操作类所在包 java.io 的结构
（2）熟悉文件和目录管理的常用方法
（3）掌握字节流常用输入/输出的使用方法
（4）掌握字符流常用输入/输出的使用方法

能力目标
（1）能够创建和管理文件、目录
（2）能够通过字节流实现文件的读写操作
（3）能够通过字符流实现文件的读写操作

素质目标
（1）培养良好的懂规矩、守纪律、守法意识
（2）培养做事严谨负责、精益求精的工匠精神

※ 君子博学而日参省乎己，则知明而行无过矣。

任务 8.1　使用文件存储学生信息

【任务分析】

在前面几个单元的程序设计中，程序中的数据输入输出仅限于标准输入输出设备：键盘和显示器，程序每次运行时都需要重新进行数据输入，能否将这些数据进行保存呢？本单元就利用 Java 中提供的文件操作功能来实现这一要求，将学生信息管理系统中的学生基本信息保存在文件中，以实现数据的持久性。本任务首先实现对学生信息管理系统中的文件及文件夹的管理。

【基本知识】

8.1.1 Java 文件操作

输入/输出（Input/Output，I/O）是程序的重要组成部分。Java 定义了多个类专门负责各种形式的输入/输出，这些类和接口都在 java.io 包中，Java I/O 类体系结构图如图 8-1 所示。

视频 8-1

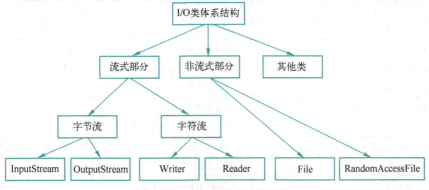

图 8-1　Java I/O 类体系结构图

Java I/O 类体系主要包含三个部分。

1）流式部分：I/O 类体系的主体部分，用于完成 Java 输入/输出（I/O）流的基本操作。

2）非流式部分：主要包含一些辅助流式部分的类，如 File 类、RandomAccessFile 类和 FileDescriptor 类等。

3）其他类：主要包括文件读取部分中与安全相关的类，如 SerializablePermission 类，以及与本地操作系统相关的文件系统的类，如 FileSystem 类、Win32FileSystem 类和 WinNTFileSystem 类。

8.1.2 File 类及使用

File 类是 Java.io 包中唯一代表磁盘文件本身的对象，它定义了一些与平台无关的方法用于操作文件。通过调用 File 类中提供的方法，能够创建、删除或重命名文件或目录，并可查看文件的各种属性。

1. 创建 File 对象

可以通过 File 类的构造方法来创建一个新的文件（或目录）对象。其格式为：

    File(String pathname);　　//通过给定的路径名来创建 File 对象

如：

    File f1=new File("d:\\file\\test1.txt");//使用绝对路径构造文件对象
    File f2=new File("src\\test2.txt");　　//使用相对路径构造文件对象
    File f3=new File("test3");//使用相对路径构造目录对象

☞ 说明：构造 File 对象时，既可以使用绝对路径，也可使用相对路径。绝对路径是以根目录开头的完整路径。Windows 使用\作为路径分隔符，在 Java 字符串中需要用\\表示一个\。使用相对路径时，可以用.表示当前目录，..表示上级目录。

2. 常用 File 操作

创建文件对象以后，便可以使用 File 类中文件操作的方法对文件（或目录）进行创建、删除、访问文件属性等操作。File 类的常用方法如表 8-1 所示。

表 8-1 File 类的常用方法

方法声明	方法功能
public boolean exists()	判断文件是否存在，存在返回 true，否则返回 false
public boolean isFile()	判断是否为文件，是返回 true，否则返回 false
public boolean isDirectory()	判断是否为目录，是返回 true，否则返回 false
public String getName()	获取文件名称
public String getAbsolutePath()	获得文件的绝对路径
public long length()	获得文件的长度（字节数）
public boolean createNewFile() throws IOException	当且仅当指定的文件不存在时，原地创建一个新的空文件
public boolean delete()	删除文件或目录
public boolean mkdir()	创建路径名指定的目录
public boolean mkdirs()	创建路径名指定的目录，包括创建父目录
public String[] list()	返回所有文件和目录的名称
public String[] list(FilenameFilter filter)	返回满足过滤器条件的文件和目录的名称
public File[] listFiles()	返回所有文件和目录的路径
public File[] listFiles(FileFilter filter)	返回满足过滤器条件的文件和目录的路径

【例 8-1】File 类常用文件操作方法使用示例。

```java
import java.io.File;
import java.io.FileInputStream;
import java.io.IOException;
import java.io.InputStream;
public class Example8_1 {
    public static void main(String[] args) {
        File stuf=new File("src\\student.txt"); //相对路径，在当前目录的 src 目录中创建文件 student.txt
        if(stuf.exists()) {
            System.out.println("文件已经存在");
        }else {
            try {
                stuf.createNewFile();
                System.out.println("文件创建成功");
            } catch (Exception e) {
                System.out.println("文件创建异常");
            }
        }
        System.out.println("文件是否存在:"+stuf.exists());
```

```
            System.out.println("文件的名字:"+stuf.getName());
            System.out.println("文件的路径:"+stuf.getPath());
            System.out.println("文件的绝对路径:"+stuf.getAbsolutePath());
            System.out.println("是目录吗:"+stuf.isDirectory());
            System.out.println("文件大小:"+stuf.length());
        }
    }
```

程序运行结果如图 8-2 所示。

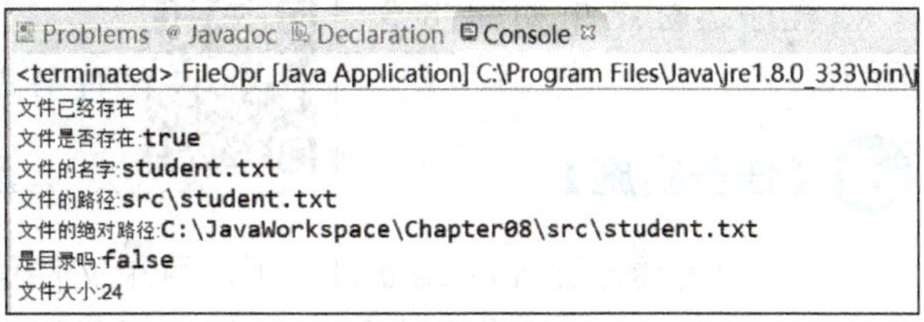

3. File 类的目录操作

和文件操作相似，如果 File 对象表示一个目录，可以通过以下方法创建和删除目录。

图 8-2 【例 8-1】程序运行结果

boolean mkdir(); //创建当前 File 对象表示的目录
boolean mkdirs(); //创建当前 File 对象表示的目录，该目录可以为多级目录
boolean delete(); //删除当前 File 对象表示的目录，当前目录必须为空才能删除成功

当 File 对象表示一个目录时，可以使用 list()和 listFiles()列出目录下的文件和子目录名。listFiles()提供了一系列重载方法，可以过滤不想要的文件和目录，具体使用方式如例 8-2 所示。

【例 8-2】 File 类遍历目录常用方法使用示例。

```java
import java.io.File;
import java.io.IOException;
import java.io.FileFilter;
public class Example8_2 {
    public static void main(String[] args) throws IOException {
        //遍历目录
        File dirs = new File("D:\\stu");
        System.out.println("========== 遍历所有对象=========");
        //文件遍历（使用 listFiles 的前提是目录必须存在）
        File[] files = dirs.listFiles();
        for (File f:files) {
            System.out.println(f.getAbsolutePath());
        }
        System.out.println("========== 遍历所有目录 =========");
        //遍历目录下所有文件名字,打印符合过滤条件的
        File[] files2 = dirs.listFiles(new MyFileFilter());
        for (File f:files2) {
            System.out.println(f.getAbsolutePath());
        }
    }
}
class MyFileFilter implements FileFilter {
    publicboolean accept(File pathname) {
        if (pathname.isDirectory()) { //只输出目录
```

```
                return true;
            } else
                return false;
        }
    }
```

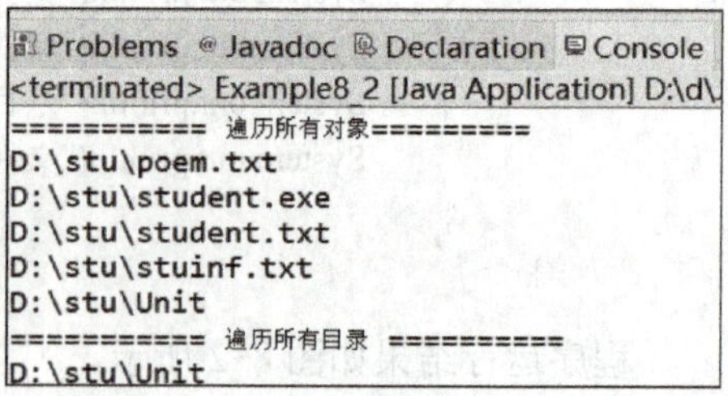

程序运行结果如图 8-3 所示。

任务 8-1

图 8-3 【例 8-2】程序运行结果

【任务实施】

将学生信息保存到 C:\stu 目录下，目录文件信息如图 8-4 所示，完成以下操作。

1）列出 C:\stu 目录下的全部文件，包括目录。

2）显示 C:\stu 目录下所有文件的如下信息：绝对路径、文件是否可读可写、文件长度、最后修改日期。

3）删除 C:\stu 中的所有文件夹。

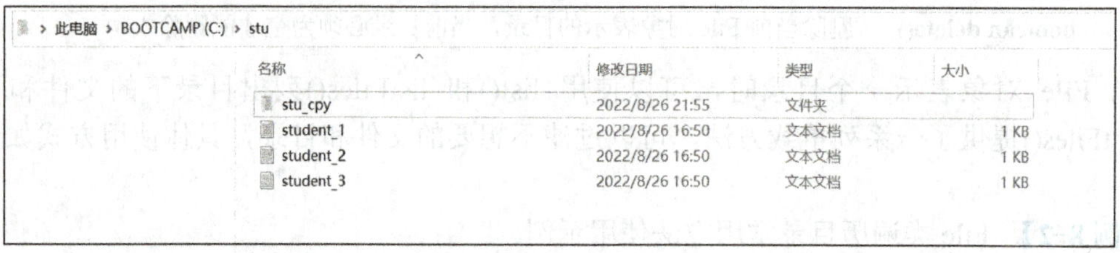

图 8-4　C:\stu 目录

程序源代码请扫描二维码下载。

本程序运行结果如图 8-5 所示。

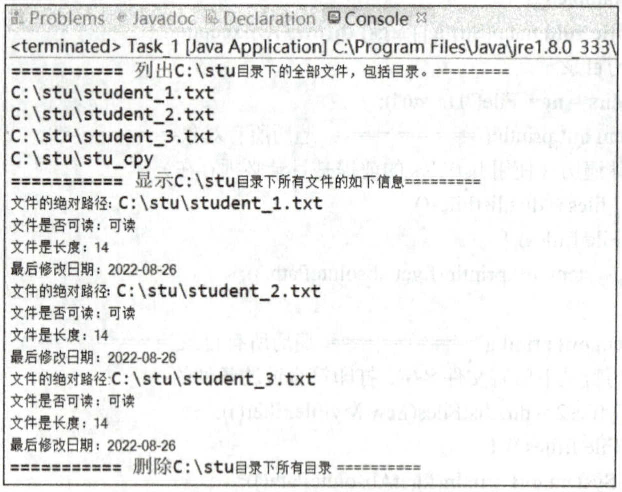

图 8-5　任务 8.1 程序运行结果

【同步训练】

工单 8-1

请编程列出自己计算机中 D 盘根目录下的所有文件包括文件夹。

任务 8.2　学生信息的输入输出

【任务分析】

将学生信息管理系统中的学生对象信息存入文件中,以实现数据的持久性。可通过 java.io 中提供的相关类及方法完成。

【基本知识】

8.2.1　Java 数据流的概念

Java I/O 类库中常使用"流"这个抽象概念,它代表任何有能力产出数据的数据源对象或者是有能力接收数据的接收端对象。在 Java 程序设计语言中,一个可以读取字节序列的对象被称为**输入流**(Input Stream),一个可以写入字节序列的对象被称为**输出流**(Output Stream)。

在进行数据读写时,如果以字节为单位,则称为**字节流**。其处理单位为 1 个字节(Byte,1Byte = 8bit)。如果以字符为单位,则称为**字符流**。其处理的单元为 2 个字节的 Unicode 字符。

8.2.2　字节流操作

Java 中提供了两个抽象类 InputStream 和 OutputStream,它们是字节流的顶级父类。所有的字节输入流都继承自 InputStream,所有的字节输出流都继承自 OutputStream。为了便于理解,可以把 InputStream 和 OutputStream 看作数据流管道,其工作原理如图 8-6 所示。

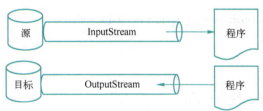

图 8-6　输入输出流工作原理

1. 字节输入流 InputStream

InputStream 是一个抽象类,它提供了一系列与读数据相关的方法,其常用方法如表 8-2 所示。

表 8-2　InputStream 常用方法

方法声明	方法功能
int read()	从输入流读取一个字节的数据。返回-1,表示数据读取结束
int read(byte[] b)	从输入流读取最多 b.length 个字节的数据,并保存到指定数组中,返回的整数表示读取字节的数目。返回-1,表示数据读取结束
int read(byte[] b,int start,int size)	从输入流读取最多 size 字节的数据,并保存到指定数组中,start 指定保存的起始位置,返回的整数表示读取字节的数目。返回-1,表示数据读取结束
Void close()	关闭此文件输入流并释放与流相关联的任何系统资源

FileInputStream 是继承 InputStream 的一个子类，用于读取文件中的数据。使用时首先使用其构造方法 FileInputStream(File file)创建一个输入流对象，如：

```
FileInputStream input =new FileInputStream("D:\\test\\text1.txt");
```

将创建一个用于读取 D:\test\text1.txt 文件的输入流对象。

【例 8-3】 FileInputStream 应用示例 1：逐个字节读取 D:\test\text1.txt 文件的内容。

首先建立 D:\test\text1.txt 文件，其内容为"欲穷千里目，更上一层楼"。

```java
import java.io.FileInputStream;
import java.io.IOException;
import java.io.InputStream;
public class Example8_3 {
    static public void readFile() throws IOException {
        InputStream input = null;
        try {
            //创建一个 FileInputStream 对象
            input = new FileInputStream("D:\\test\\text1.txt");
            int n;
            //调用 read()方法，每次读取一个字节，直到返回-1
            while ((n = input.read()) != -1) {
                System.out.print((char)n);//将读取的字节转换为字符输出，如果是汉字，将输出乱码
            }
        } finally {
            if (input != null) {
                //关闭文件释放底层资源
                input.close();
            }
        }
    }
    public static void main(String[] args) throws IOException {
        readFile();
    }
}
```

1）读取的文件一定是已经存在的。
2）文件读写结束一定要及时关闭文件，释放对应的底层资源。

【例 8-4】 FileInputStream 应用示例 2：多字节读取 D:\test\text1.txt 文件的内容。

```java
import java.io.FileInputStream;
import java.io.IOException;
import java.io.InputStream;
public class Example8_4 {
    static public void readFile() throws IOException {
        InputStream input = null;
        try {
            //创建一个 FileInputStream 对象
            input = new FileInputStream("D:\\test\\text1.txt");
```

```java
            //定义字节数组
            byte[] buffer = new byte[100];
            int count=0;//读取到的字节数
            int n=0;//每次读取的字节数
            //调用 read(byte[] b)方法,每次读取多个字节,直到返回-1
            while ((n = input.read(buffer)) != -1) {
                //将字节数组内容转换为字符串输出
                System.out.print(new String(buffer));
                count=count+n;
            }
            System.out.println("\nread " + count + " bytes.");
        } finally {
            if (input != null) {
                input.close();//关闭流释放底层资源
            }
        }
    }
    public static void main(String[] args) throws IOException {
        readFile();
    }
}
```

程序一次读取多个字节时,需要先定义一个 byte[]数组作为缓冲区,read()方法会尽可能多地读取字节到缓冲区,但不会超过缓冲区的大小。read()方法的返回值不再是字节的 int 值,而是返回实际读取了多少个字节。如果返回-1,数据读取结束。

2. 字节输出流 OutputStream

与 InputStream 类似,OutputStream 也是一个抽象类,它提供了一系列与写数据相关的方法,其常用方法如表 8-3 所示。

表 8-3　OutputStream 常用方法

方法声明	方法功能
void write()	向输出流写入一个字节的数据
void write(byte[] b)	将数组中的所有数据写入输出流
void write(byte[] b,int start,int size)	将数组中 start 开始的 size 个字节的数据写入输出流
void flush()	刷新输出流,并强制写出所有缓冲的输出字节
void close()	关闭此输出流并释放与流相关联的任何系统资源

FileOutputStream 是 OutputStream 的子类,用于将内存中的数据写入到文件中。使用时首先使用其构造方法 FileOutputStream(File file)创建一个输出流对象,如:

　　　　FileOutputStream input =new FileOutputStream("D:\\test\\text1.txt");

将创建一个用于写数据到 D:\test\text1.txt 文件的输出流对象。

【例 8-5】 FileOutputStream 应用示例:将程序中的数据输出到 D:\stu\poem.txt 文件。

```java
        import java.io.File;
        import java.io.FileInputStream;
```

```java
import java.io.FileNotFoundException;
import java.io.FileOutputStream;
import java.io.IOException;
import java.io.InputStream;
import java.io.OutputStream;
public class Example8_5 {
    static public void writeFile() throws IOException {
        OutputStream output = null;
        try {
            output = new FileOutputStream("D:\\stu\\poem.txt");
            String str = "大江东去,\n 浪淘尽,\n 千古风流人物。";
            byte[] buff = str.getBytes();//将字符串转换为字节数组
            output.write(buff);//写入
            System.out.println("写入成功");
        } finally {
            if (output != null) {
                //关闭流释放底层资源
                output.close();
            }
        }
    }
    public static void main(String[] args) throws IOException {
        writeFile();
    }
}
```

1）当写入数据的目标文件不存在时，系统会自动创建该文件。

2）请打开刚刚写入数据的文件 D:\stu\poem.txt，查看写入的内容。

8.2.3 字符流操作

Reader 和 Writer 是以字符为单位的输入输出流的顶层抽象类，其中，Reader 是字符输入流，其中包含字符输入流需要的方法，可以完成从输入流读入数据的功能；Writer 是字符输出流，其中包含字符输出流需要的方法，可以完成输出数据到输出流的功能。Reader 类和 Writer 类的层次结构分别如图 8-7 和图 8-8 所示。

视频 8-3

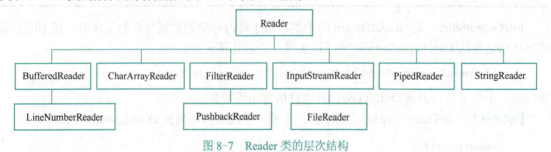

图 8-7 Reader 类的层次结构

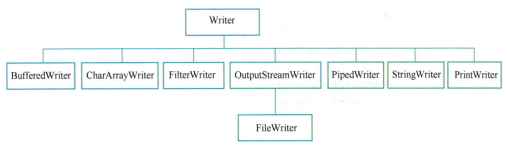

图 8-8 Writer 类的层次结构

1. 字符输入流 Reader

Reader 是以 char 为单位读取文件的一个输入流（字符流）接口，其中最基本的一个实现类是 FileReader，可以将文件内容以字符为单位输入到内存中。

使用 FileReader 从指定文件读取字符数据，首先需要使用其构造方法创建字符输入流对象，然后将指定文件内容以字符为单位输入到内存，主要使用以下基本操作。

1）创建输入流对象 FileReader(String fileName)。如：

  FileReader in=new FileReader("D:\test\text1.txt");

创建一个从 D:\test\text1.txt 文件中读取字符数据的输入流对象。

2）读文件。与字节流相似，也有三种读数据的方法。

  int read() //读一个字符，返回-1 时，数据读取结束
  int read(char[] cbuf) //将字符读入数组，返回值为读取的字符数，如果已经达到流的结尾，则返回-1
  int read(char [] c, int offset, int len)//将字符读入数组的指定位置，返回值为读取的字符数，如果已经达到流的结尾，则返回-1

【例 8-6】利用 FileReader 读取 D:\test\text1.txt 文件内容。

```java
import java.io.FileReader;
import java.io.IOException;
import java.io.Reader;
public class Example8_6 {
    public static void main(String[] args) {
        FileReader freader = null;
        try {
            //创建 FIleReader 对象
            freader = new FileReader("D:\\test\\text1.txt");
            char[] temp = new char[100]; //设置一个字符读取缓冲区
            int n;        //一次读取的字符个数
            while ((n = freader.read(temp)) != -1) {
                System.out.println("读取" + n + "个字符");
                System.out.println(temp);//控制台输出读取的字符
            }
        } catch (IOException e) {
            System.out.println("文件访问异常");
            e.printStackTrace();
        } finally {
```

```
                    try {
                        if (freader != null) {
                            freader.close();
                        }
                    } catch (IOException e) {
                        e.printStackTrace();
                    }
                }
            }
        }
```

本程序利用 read(char[] cbuf)方法一次读取多个字符缓存于字符数组 temp 中，并通过控制台输出，将文件内容显示在屏幕上。

2．字符输出流 Writer

Writer 是以 char 为单位写文件的一个输出流（字符流）接口，其中最基本的一个实现类是 FileWriter，可以将内存中的数据以字符为单位输出到指定文件中。

使用 FileWriter 写数据到指定文件，首先需要使用其构造方法创建字符输出流对象，然后将内存中的数据以字符为单位写入到指定文件中，主要使用以下基本操作。

1）创建输出流对象FileWriter(String fileName)。如：

  FileReader in=new FileReader("D:\test\text1.txt");

创建一个向 D:\test\text1.txt 文件中写字符数据的输出流对象。

FileWriter(String fileName, boolean append)创建一个输出流对象，第二个布尔值参数表示是否追加写入的数据，如果为 true，表示在文件末尾追加数据；如果为 false，表示覆盖原文件内容。

2）写文件。与字节流相似，也有三种写数据的方法。

  void write() //写一个字符
  void write(char[] cbuf) //写入一个字符数组
  void write(char [] c, int start, int len)//写入字符数组的指定部分

【例 8-7】利用 FileWriter 向 D:\stu\student.txt 文件写入数据。

```
import java.io.File;
import java.io.FileWriter;
import java.io.IOException;
public class Example8_7 {
    public static void main(String[] args) {
        try {
            File file = new File("D:\\stu\\student.txt");
            //创建 C:\stu\student.txt 文件
            file.createNewFile();
            //创建 FileWriter 对象
            FileWriter fwriter = new FileWriter(file);
            //向文件写入内容
            fwriter.write("少年强则国强");
            fwriter.close();
        } catch (IOException e) {
```

```
            //TODO Auto-generated catch block
            e.printStackTrace();
        }
    }
}
```
程序运行之后请打开文件 D:\stu\student.txt，查看写入的内容。

任务 8-2

【任务实施】

将从键盘输入的学生信息（包括学号、姓名、性别、年龄等）存入文件 D:\stu\student.txt 中，当需要用这些数据时直接从文件中读入，解决数据重复输入问题。

方法 out_file()完成将数据写入文件，in_file()完成从文件中读取数据，读写的文件名通过方法参数进行传递，提高了程序的通用性。

程序源代码请扫描二维码下载。

本程序使用字节流完成了数据的读写，同学们可以尝试用字符流来完成本任务。

【同步训练】

分别使用字节流和字符流将 C 盘的某个文件复制到 D 盘。

工单 8-2

【知识梳理】

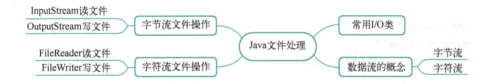

课后作业

一、填空题

1. _____ 对象可以使用 read 方法从标准的输入设备（通常是键盘）读取数据；_____对象可以使用 print 方法向标准的输出设备（通常是屏幕）输出显示。

2. 运行下面的程序，若从键盘输入"12345"后按〈Enter〉键，程序输出_____。

```java
import java.io.*;
public class Class1 {
    public static void main(String[ ] args) {
        byte buffer[ ]=new byte[128];
        int n;
        try {
            n=System.in.read(buffer);
            for(int i=0;i<n;i++)
                System.out.print((char)buffer[n-i-1]);
```

```
            } catch(IOException e) {
                System.out.print(e);
            }
        }
    }
```

3. 下面的程序编译运行后的输出结果是_____。

```
import java.io.*;
public class Class1 {
    public static void main(String[ ] args) {
        int b;
        byte buf[ ]=new byte[2500];
        try {
            FileInputStream fis=new FileInputStream("Class1.java");
            b=fis.read(buf,0,19);
            String str=new String(buf,0,b);
            System.out.println(str);
        } catch(IOException e) {
        }
    }
}
```

4. 下面程序的功能是从屏幕输入一行字符串，并将其保存为文件 a.txt，请完成下面的程序填空。

```
import java.io.*;
public class Class1 {
    public static void main(String[] args) {
        int k;
        byte b[ ]=new byte[255];
        try {
            k=System.in.read(b);
            FileOutputStream fos=new FileOutputStream(_____);
            _____;
        } catch(IOException e) {
            System.out.println("Writing error.");
        }
    }
}
```

二、选择题

1. 下面说法不正确的是（　　）。

    A．InputStream 和 OutputStream 类通常用来处理字节流，也就是二进制文件

    B．Reader 与 Writer 类则用来处理字符流，也就是纯文本文件

    C．Java 中输入输出流的处理通常分为输入和输出两部分

    D．File 类是输入输出流类的子类

2. 下面说法正确的是（　　）。

A． InputStream 和 OutputStream 类都是抽象类
B． Reader 与 Writer 类不是抽象类
C． RandomAccessFile 是抽象类
D． File 类是抽象类

3．创建一个新目录，可以使用下面的（　　）类来实现。
A． FileInputStream　　　　　　　　B． FileOutputStream
C． RandomAccessFile　　　　　　　D． File

三、简答题

1．什么是流？简述流的分类。
2．简述字节流和字符流的区别。

四、程序设计

1．求 100 以内的所有素数，并将它们保存到 Primer.dat 文件中。
2．列出 C 盘根目录下的所有文件和文件夹，并将输出结果保存到 Content.txt 文件中。
3．检查上一题中建立的 Content.txt 文件是否存在，若存在，输出文件的相关信息。
4．输入 10 个学生的信息（学号、姓名、联系方式），将这些信息保存到二进制文件 Student.dat 中。
5．从 Student.dat 文件中读取数据，并将它们输出到屏幕上。
6．从 Student.dat 文件中读取数据，修改第 2 个学生的学号，将修改后的信息重新保存到 Student.dat 文件中。

单元 9　Java 数据库访问

在单元 8 中学习了如何将数据存储到文件以及如何从文件中读取数据，少量的数据处理使用文件比较简单方便。但是在大数据时代的今天，大量数据的存储、管理及维护多使用数据库系统。Java 中提供了专业的数据库访问类库，以支持在 Java 中进行数据库的连接及访问。本单元主要介绍通过 JDBC 进行数据库访问的过程及操作方法。

【学习目标】

知识目标
（1）了解 JDBC 的体系结构和基本功能
（2）掌握 Statement 接口的常用方法
（3）掌握 ResultSet 结果集的常用方法
（4）熟悉 PreparedStatement 接口的常用方法
（5）了解 CallableStatement 接口的常用方法

能力目标
（1）能够完成 JDBC 驱动的下载与注册
（2）会写 JDBC 访问数据库程序
（3）会使用 Statement 接口方法操作数据库
（4）能够使用 PreparedStatement 接口方法操作数据库
（5）会使用 CallabelStatement 执行存储过程

素质目标
（1）培养耐心细致的工作态度
（2）训练认真负责、一丝不苟、精益求精的职业素养及工匠精神

※　非学无以广才，非志无以成学。

任务 9.1　学生信息管理系统的数据库管理

【任务分析】

使用数据库管理和维护数据是程序设计的重要组成部分，也是软件开发中实现数据持久化的普遍方法。本任务使用 MySQL 数据库对学生信息管理系统中的学生信息进行存储，利用 JDBC 实现对学生信息数据库的基本操作。

【基本知识】

9.1.1 JDBC 数据库访问

1. 什么是 JDBC

JDBC（Java DataBase Connectivity，Java 数据库连接）是一系列用于执行 SQL 语句的 Java API（Application Programming Interface，应用程序接口），它由一组用 Java 语言编写的类和接口组成，可以为各种不同的数据库提供统一访问标准，实现了 Java 应用程序的统一访问，提高了应用程序的可移植性。Java 程序使用 JDBC 访问数据库的方式如图 9-1 所示。

视频 9-1

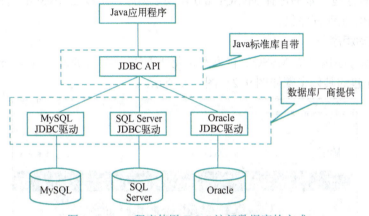

图 9-1　Java 程序使用 JDBC 访问数据库的方式

由此可以看出，JDBC 并不是直接操作数据库，而是通过不同的数据库驱动程序实现对各种数据库的统一访问。数据库驱动程序由数据库厂商各自提供，用户可直接到其官网进行下载。

本单元以对 MySQL 数据库的访问为蓝本介绍 Java 对数据库访问的实现。

2. 常用 JDBC API

JDBC API 主要位于 java.sql 及 javax.sql 包中，该包定义了一系列访问数据库的类和接口，其中常用类和接口及其主要功能如下。

1）**DriverManager** 类：用于加载 JDBC 驱动程序、创建与数据库的连接。

2）**Connection** 接口：用于处理与特定数据库的连接，一个 Connection 对象就表示一个数据库连接，只有获得该对象，才能对数据库进行访问。如果应用程序中需要访问多个数据库，就要为每个数据库创建一个对应的连接对象。

3）**Statement** 接口：用于执行静态的 SQL 语句，并返回一个数据库处理结果对象。

4）**PreparedStatement** 接口：用于执行预编译的 SQL 语句，同样返回一个数据库处理结果对象。

5）**ResultSet** 接口：表示数据库数据处理的结果集，负责保存 Statement 或 PreparedStatement 执行查询命令后所产生的结果集。

3. JDBC 数据库访问过程

Java 应用程序通过 JDBC 访问和操作数据库需要完成以下几个步骤。

1）加载并注册相应的数据库驱动程序。

2）连接数据库，获取 Connection 连接对象。

3）创建 Statement 对象，通过 Connection 对象获取 Statement 对象。

4）向数据库发送需要执行的 SQL 语句，通过 Statement 对象执行 SQL 语句。

5）处理执行 SQL 语句后返回的结果集，如果执行的 SQL 语句是查询语句，执行结果将返回一个 ResultSet 对象，通过 ResultSet 对象获取查询结果。

6）关闭数据库连接，释放资源。每次操作数据库结束之后，都要关闭数据库连接以释放资源，需要关闭的资源包括 ResultSet、Statement 和 Connection，关闭顺序与声明顺序相反。

4. 加载数据库驱动

JDBC 事先不知道将要使用哪种数据库，所以首先要去相应官网下载数据库的驱动程序，获取数据库驱动程序包。本书选择 MySQL 8.0 作为数据库，所以在 MySQL 官网下载了 MySQL 8.0 数据库的 JDBC 驱动程序包。

（1）下载驱动程序包

MySQL 驱动程序包可从 MySQL 官方网站免费下载，网址为 https://www.mysql.com/。下载 MySQL 驱动程序包的具体步骤如图 9-2～图 9-6 所示。

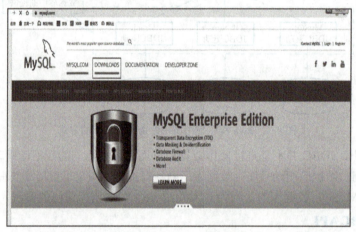

图 9-2　单击"DOWNLOADS"

图 9-3　单击"MySQL Community (GPL) Downloads"

图 9-4 选择"Connector/J"

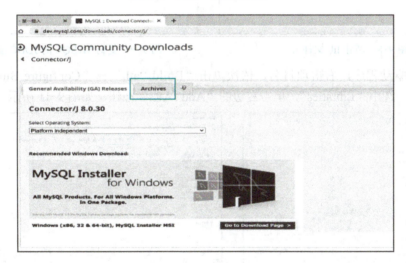

图 9-5 单击"Archives"

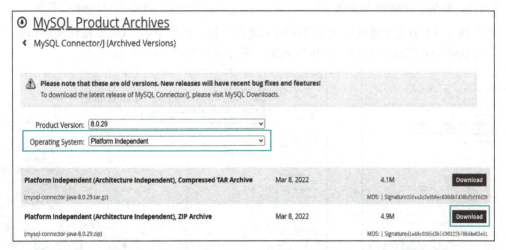

图 9-6 选择"Platform Independent"下载 ZIP Archive

下载的 MySQL 驱动程序包 mysql-connector-java-8.0.29.zip（本书使用版本）如图 9-7 所示。

解压该文件，得到 mysql-connector-java-8.0.29.jar 文件。

（2）在项目中导入并注册驱动程序

1）在 Java 项目中导入 MySQL 的 JDBC 驱动程序包。首先，创建一个项目并新建一个 lib 文件夹，如图 9-8 所示。将 MySQL 的 JDBC 驱动程序包复制到 lib 文件夹中，如图 9-9 所示。

图 9-7　MySQL 驱动程序包

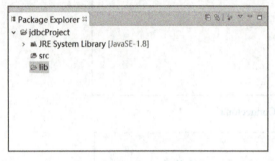

图 9-8　新建 lib 文件夹

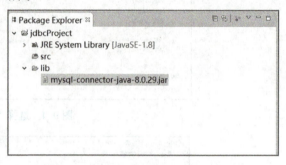

图 9-9　复制 MySQL 的 JDBC 驱动程序包

2）注册驱动程序，右击项目名，依次单击"Build Path"→"Configure Build Path"，如图 9-10 所示；选中"Libraries"，单击右边的"Add JARs"按钮，如图 9-11 所示。

图 9-10　单击"Configure Build Path"

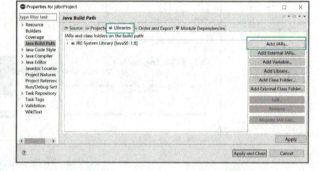

图 9-11　单击"Add JARs"按钮

3）在图 9-12 中选中要复制到项目中的驱动程序包，然后单击"OK"按钮关闭该窗口。最后单击"Apply and Close"按钮，即可导入驱动程序包，如图 9-13 所示。

图 9-12　选中驱动程序包

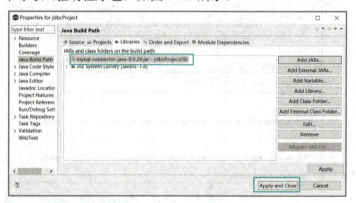

图 9-13　导入驱动程序包

此时完成驱动程序包导入，可以编写 Java 代码操作数据库了，如图 9-14 所示。

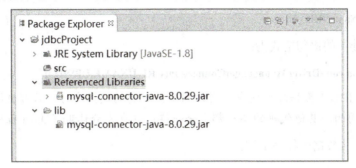

图 9-14 完成驱动程序包导入

☞ **说明**：下载、安装的驱动程序包一定要与所使用数据库版本一致。

9.1.2 连接数据库

MySQL 数据库驱动程序导入项目后，接下来就可以连接数据库了。本小节介绍数据库连接关键语句。

1．加载并注册驱动程序

语句格式：**Class.forName("JDBC 驱动程序名")；**

MySQL 数据库驱动程序名为：**com.mysql.cj.jdbc.Driver**

2．创建数据库连接

语句格式：**Connection con=DriverManager.getConnection(URL,数据库用户名,密码);**

getConnection()方法有三个字符串类型的参数，其作用如下。

1）URL：表示连接数据库的地址。不同数据库有不同的格式要求，MySQL 数据库的一般格式为 **jdbc:mysql://hostname:port/databasename**。

其中，**jdbc:mysql:** 是固定写法，代表访问的数据库为 MySQL。

hostname 是数据库主机地址，如果访问的数据库在本机上，hostname 可以为 **localhost** 或 **127.0.0.1**；如果要访问的数据库不在本机上，hostname 为要连接的计算机的 IP 地址。

port 是指连接数据库的端口号，MySQL 端口号默认为 3306。

databasename 表示要访问（连接）的数据库名称。

2）数据库用户名：是指登录数据库的用户名。

3）密码：数据库用户的密码。

在创建数据库连接前，通常先定义 4 个字符串变量来表示**驱动程序名**、**数据库 URL**、**数据库用户名和密码**。例如，连接本地 MySQL 数据库 student，数据库用户名为 root，密码为 123456，则 4 个字符串的定义如下。

```
String DRIVER = "com.mysql.cj.jdbc.Driver"; //驱动程序
String URL = "jdbc:mysql://localhost:3306/student"; //数据库 URL
String UNAME = "root"; //访问数据库用户名
String UPWD = "123456"; //数据库用户密码
```

注册驱动程序的语句格式为：

Class.forName(DRIVER);

创建数据库连接的语句格式为：

Connection con=DriverManager.getConnection(URL,UNAME,UPWD);

☞ 说明：在 JDBC 数据库访问中，当访问不同种类的数据库时，只有数据库驱动程序名和 URL 的表示是不同的，其他代码的编写都完全一样，这也充分体现了 Java 程序的平台无关性。

【例 9-1】 连接数据库程序示例。

```java
import java.sql.Connection;
import java.sql.DriverManager;
import java.sql.SQLException;
public class DBCon {
    private static final String DRIVER = "com.mysql.jdbc.Driver";
    private static final String URL = "jdbc:mysql://localhost:3306/student";
    private static final String UNAME = "root";
    private static final String UPWD = "123456";
    private Connection conn = null;
    //创建一个数据库连接
    public Connection getConnection() {
        try {
            Class.forName(DRIVER);
            conn = DriverManager.getConnection(URL, UNAME, UPWD);
            if (conn != null)
                System.out.println("连接数据库成功！ ");
        } catch (Exception e) {
            System.out.println("连接数据库失败：" + e.getMessage());
        }
        return conn;
    }
    //关闭连接
    public void closeConnection() {
        try {
            if (conn != null)
                conn.close();
            conn = null;
            System.out.println("数据库连接关闭成功！ ");
        } catch (Exception e) {
            System.out.println("数据库连接关闭失败：" + e.getMessage());
        }
    }
    //主方法
    public static void main(String[] args) {
        DBCon dbcon=new DBCon();
        Connection con=dbcon.getConnection();
```

```
            dbcon.closeConnection();
    }
}
```

☞ 说明：

1）本程序运行成功，控制台显示"连接数据库成功！""数据库连接关闭成功！"两行信息。
2）程序运行之前确定已成功建立 student 数据库。

9.1.3 数据库基本操作

数据库连接成功后，就可以向数据库发送 SQL 语句来存取数据了。

下面以访问学生信息表 student_inf 表为例，介绍对此表中的记录进行增、删、改、查的基本操作。表中字段如表 9-1 所示。

表 9-1　学生信息表 student_inf

id	name	gender	age
1	林林	女	16
2	田田	女	17
3	李明	男	20
4	王平	男	17
5	赵海	男	18

1. 搭建数据库环境

根据此表在 MySQL 数据库中建立 student 数据库，在该数据库中建立 student_inf 数据表。创建数据库和数据表的 SQL 语句如下。

```
CREATE DATABASE student;
CREATE TABLE student_inf(
    idINT PRIMARY KEY AUTO_INCREMENT NOT NULL,
    name VARCHAR(50) ,
    gender VARCHAR(2) ,
    age INT
);
```

其他常用 SQL 命令的用法如下。

（1）增加记录

INSERT INTO <数据表名> (字段 1，字段 2，...) **VALUES** (值 1,值 2,...)

如：

insert into student_inf(id,name) values(1,'林林')
insert into student_inf　values(2，'田田','女', 17)

（2）查询

SELECT <字段名>　**FROM**　<数据表名> **WHERE** <查询条件>

如：

SELECT　*　FROM　student_inf
SELECT　id,name FROM　student_inf where age>=18

（3）更新记录

UPDATE <数据表名> **SET**　字段1=<新值1>,字段2=<新值2>,... **WHERE** <条件>

如：

update student_inf set name='明明' where id=3

（4）删除记录

DELETE FROM <表格名>　**WHERE** <条件>

如：

delete from　student_inf where id=7

2. 创建 Statement 对象

要创建 Statement 对象，需要先创建一个 Connection 对象，假设对象名为 conn，然后使用下面的语句创建一个 Statement 对象。

Statement stmt=conn.createStatement();

Statement 接口用于执行不带参数的简单 SQL 语句，该接口的方法中最常用的主要有以下两个。

- **ResultSet executeQuery(String sql)**：用于执行进行数据库查询的 SQL 命令，返回一个表示查询结果集的 **ResultSet** 对象。
- **int executeUpdate(String sql)**：用于执行非查询的 SQL 命令，返回一个整数，表示受 SQL 命令影响的记录条数。

如，查询 student_inf 表中的所有记录，可使用下面的语句。

String sql="SELECT * FROM student_inf";
ResultSet rs=stmt.executeQuery(sql);

如果需要将 student_inf 表中 ID 值等于 1 的学生的年龄改为 20，可以使用下面的语句。

String sql="UPDATE student_inf SET age=20 WHERE id=1";
int result=stmt.executeUpdate(sql);

9.1.4　获取查询结果

当用户执行查询操作时，通常最关注查询结果。executeQuery 方法返回一个 ResultSet 对象，用来存放数据库查询操作获得的结果集，它包含了满足查询条件的所有记录。ResultSet 提供了一系列的 get×××(int columnIndex)和 get×××(String columnLabel)方法来获取各字段的值，其中×××对应字段的类型，get×××()中的参数可以是字段的序号，也可以是字段名。

通过循环遍历查询结果集合中的所有记录，从而获取各个字段的值。如执行以下语句：

```
ResultSet rs=stmt.executeQuery("SELECT * FROM student_inf ");
```

rs 中则包含了 student_inf 表中的所有记录，可以使用如下形式的循环结构获取所有记录信息。

```
while(rs.next()) {
    Int id=rs.getInt(1);//数字对应字段的序号
    String name=rs.getString("name");//字符串对应字段名
    String gender=rs.getString(3);
    Int age=rs.getInt("age");
    System.out.println(id+"\t"+name+"\t"+gender+"\t"+age);
}
```

至此，我们就掌握了 JDBC 进行数据库访问的基本方法。

【例 9-2】 对 student_inf 表进行增、删、改、查操作。

```
import java.sql.Connection;
import java.sql.ResultSet;
import java.sql.Statement;
import util.DBCon;
public class Example9_2 {
    public static void main(String[] args) throws Exception {
        //对异常进行抛出处理
        //调用例 9-1 中 DBCon 类的 getConnection()创建连接对象
        Connection con=new DBCon().getConnection();
        Statement stmt=null;
        ResultSet r = null;
        int i;
        String sql;
        sql = "insert into student_inf   values(3,'张华','男',25)";
        stmt = con.createStatement();
        i=stmt.executeUpdate(sql) ;   //增加一条记录
        i=stmt.executeUpdate("insert into student_inf   values(4,'平平','女',20)");//增加一条记录
        sql ="update student_inf set name='明明'   where id=2";
        i=stmt.executeUpdate(sql) ;//修改一条记录
        sql = "delete from   student_inf where id=1";
        i=stmt.executeUpdate(sql) ;//删除一条记录
        sql =   "select * from   student_inf   ";
        r=stmt.executeQuery(sql); //查询记录
        while(r.next()){
            System.out.print(r.getInt("id")+"\t");
            System.out.print(r.getString("name")+"\t");
            System.out.print(r.getString(3)+"\t");
            System.out.print(r.getInt(4)+"\n");
        }
        r.close();
        stmt.close();
        con.close();
    }
}
```

本程序执行前后数据表记录的对比如图 9-15 所示。

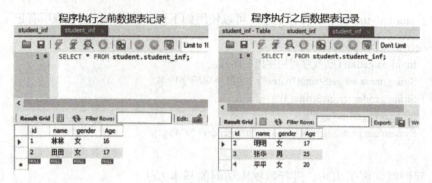

图 9-15　数据表记录对比

由此看出程序读写数据库成功。

至此，我们已经能够利用 Statement 接口提供的数据库访问方法，对数据库进行基本的增、删、改、查操作，并能利用 ResultSet 接口提供的方法获取查询到的所有数据，实现了 Java 应用程序与数据库数据的交互。

【任务实施】

完成学生信息管理系统数据库管理任务的基本步骤如下：
1) 搭建数据库环境。在 MySQL 中建立数据库 student、数据表 student_inf。
2) 在"学生信息管理系统"项目中导入并注册 MySQL 数据库驱动程序包。
3) 编写数据库连接工具类。
4) 编写数据库访问类，该类包括对数据库进行增、删、改、查操作的方法。

程序源代码请扫描二维码下载。

运行该程序，查看数据操作结果。

任务 9-1

工单 9-1

【同步训练】

设计系统登录程序，根据输入的用户名和密码查询用户信息，用户名和密码正确则允许登录系统，否则提示错误信息。

任务 9.2　提升学生信息数据库管理效率

【任务分析】

在任务 9.1 的实施中可以发现，使用 Statement 对象向数据库传送 SQL 命令时，每条 SQL 命令在程序中都只能是一个具体的操作，当要改变 SQL 命令时，每次都需要去修改程序源代码，降低程序执行效率，程序也不具备通用性，为此需要对此程序进行改进，使用 PreparedStatement 对象来向数据库传送 SQL 命令。

【基本知识】

9.2.1 PreparedStatement 接口

PreparedStatement 接口继承自 Statement，可执行预编译的 SQL 语句，可向数据库传递带有可变参数的 SQL 命令，SQL 命令中使用占位符 "?" 代替参数，然后通过 set×××方法为 SQL 命令中的参数赋值，提高了应用程序的通用性。常用的 PreparedStatement 传送 SQL 命令的方法主要有以下两个。

视频 9-2

ResultSet executeQuery()：用于执行查询数据库的 SQL 命令，返回一个表示查询结果集的 **ResultSet** 对象。

int executeUpdate()：用于执行非查询的 SQL 命令，返回一个整数，表示受 SQL 命令影响的记录条数。

用 PreparedStatement 接口进行数据库访问的主要步骤如下。

1）通过 Connection 对象 conn 创建 PreparedStatement 对象。

  PreparedStatement pstm=conn.prepareStatement(带参数的 SQL 命令字符串);

如：

  String sql = "insert into student_inf   values(? ,? ,? ,?)";
  PreparedStatement pstm=conn.prepareStatement(sql);

2）使用一系列 set 方法设置参数值。如：

  pstm.setInt(1,5);
  pstm.setString(2,"李明");
  pstm.setString(3,"男");
  pstm.setInt(4,15);

☞ **注意**：设置数据的类型必须与对应占位符 "?" 所代表的数据类型一致。

3）调用 PreparedStatement 方法，执行 SQL 语句。如：

  pstm.executeUpdate();

【例 9-3】 使用 PreparedStatement 方法改写【例 9-2】中对 student_inf 表进行增、删、改、查的操作。

```
import java.sql.Connection;
import java.sql.PreparedStatement;
import java.sql.ResultSet;
public class Example9_3 {
    public static void main(String[] args) throws Exception {
        //对异常进行抛出处理
        //调用例 9-1 中 DBCon 类的 getConnection()创建连接对象
        Connection con=new DBCon().getConnection();
        PreparedStatement pstm = null;
```

```
ResultSet r = null;
int i;
//增加一条记录
String sql= "insert into student_inf   values (?,?,?,?)";
pstm =con.prepareStatement(sql);
pstm.setInt(1,7);
pstm.setString(2,"李明");
pstm.setString(3,"男");
pstm.setInt(4,15);
i=pstm.executeUpdate() ;
//修改一条记录
sql ="update student_inf set name=? where id=?";
pstm =con.prepareStatement(sql);
pstm.setString(1,"强强");
pstm.setInt(2,5);
i=pstm.executeUpdate() ;
//删除一条记录
sql = "delete from    student_inf where id=?";
pstm =con.prepareStatement(sql);
pstm.setInt(1,2);
i=pstm.executeUpdate() ;
//查询年龄为20及20以上的所有记录
sql =    "select * from    student_inf where age>=?";
pstm =con.prepareStatement(sql);
pstm.setInt(1,20);
r=pstm.executeQuery();
while(r.next()){
    System.out.print(r.getInt("id")+"\t");
    System.out.print(r.getString("name")+"\t");
    System.out.print(r.getString(3)+"\t");
    System.out.print(r.getInt(4)+"\n");
}
r.close();
pstm.close();
con.close();
    }
}
```

运行此程序，对比数据库操作结果，理解使用PrepareStatement接口对数据库操作的方法。

9.2.2　CallableStatement 接口

CallableStatement 接口继承自PreparedStatement接口，用于执行数据库的存储过程。在 CallableStatement 对象中，有一个通用的成员方法 call，这个方法用于以名称的方式调用数据库中的存储过程。

调用存储过程的语法为：

视频 9-3

```
{call procedure_name}           //存储过程不需要参数
{call procedure_name[(?,?,?,…)]}    //存储过程需要若干个参数
{?=call procedure_name[(?,?,?,…)]} //存储过程需要若干个参数，并返回一个结果参数
```

其中，procedure_name 为存储过程的名字，方括号中的内容是用于存储过程执行的多个可选参数。

CallableStatement 对象的创建方法如下。

```
CallableStatement cstmt=conn.prepareCall("{call getTestData(?,?)}");
```

向存储过程传递执行所需要参数是通过 set×××语句来完成的。例如，可以将两个参数设置如下。

```
cstmt.setByte(1,25);
cstmt.setFloat(2,9.49f);
```

如果需要存储过程返回运行结果，则需要调用 **registerOutParameter** 方法设置存储过程的输出参数，然后调用 get×××方法来获取存储过程的执行结果。例如：

```
cstmt.registerOutParameter(1, java.sql.Types.TINYINT);
cstmt.registerOutParameter(2, java.sql.Types.INTEGER);
ResultSet rs=cstmt.executeUpdate();
byte a=cstmt.getByte(1);
int b=cstmt.getInt(2);
```

【例 9-4】 创建一个带参数的存储过程,存储过程向学生信息表 STUDENT_INF 中添加一条记录，并返回表中记录的数量和所有学生的姓名，请通过程序调用该存储过程。

```
//创建存储过程 p1
DELIMITER $$
CREATE PROCEDURE p1(IN name VARCHAR(10),OUT con INT)
BEGIN
INSERT INTO STUDENT_INF (id,name,gender,age) VALUES (6,name,'女', 17);
SELECT count(1) INTO con FROM STUDENT_INF;
SELECT * FROM STUDENT_INF;
END $$
DELIMITER ;
//Java 源程序代码
import java.sql.CallableStatement;
import java.sql.Connection;
import java.sql.ResultSet;
import java.sql.Types;
public class Example9_4 {
    public static void main(String[] args) throws Exception{
        Connection con=new DBCon().getConnection(); //创建连接
        CallableStatement cs=con.prepareCall("CALL p1(?,?);");
        cs.setString(1,"乐乐");
        cs.registerOutParameter(2,Types.INTEGER);
        cs.execute();
        ResultSet set=cs.getResultSet();//获取输出结果
```

```
        while(set.next()) {
            System.out.print(set.getString("NAME")+" ");
        }
        //获取输出参数的结果
        int i = cs.getInt(2);
        System.out.print("i:"+i);
    }
}
```

执行程序，输出所有学生姓名及表中所有记录的条数。

9.2.3 事务

日常生活中，如果需要将资金从一个账户转到另一个账户，一个非常重要的问题是必须同时将资金从一个账户取出并存入另一个账户，如果在将资金存入其他账户时系统发生了故障，那么必须撤销取款操作。对于此类应用，在进行数据库访问中，为了确保数据库完整性，可以将一组命令构成一个事务（transaction）。

视频 9-4

当事务中的所有命令都顺利执行后，事务可以被提交（commit）。否则，如果其中某个命令遇到错误，那么事务将被撤回（rollback），就好像任何命令都没有被执行过一样。

在默认情况下，数据库连接处于自动提交模式。每个 SQL 命令一旦被执行，便被立即提交给数据库，这时就无法对它进行撤回操作。在使用事务时，需要首先关闭这个默认值：

conn.setAutoCommit(false);

使用事物操作，可以使用通常的方法创建一个 Statement 语句对象：

Statement stmt=conn.createStatement();

然后可以任意调用 executeUpdate()方法：

stmt.executeUpdate(command1);
stmt.executeUpdate(command2);
stmt.executeUpdate(command3);
…

执行了所有命令后，调用 commit()方法：

conn.commit();

如果出现错误，调用 rollback()方法来撤销自上次提交以来的所有命令：

conn.rollback();

这样就保证了数据库操作的完整性。

📘【任务实施】

任务 9-2

针对任务 9.1 的实施程序 StudentDao.java 中存在的问题，做如下改进。
1）使用 PreparedStatement 接口对象传送实参的 SQL 命令。

2）将增、删、改、查方法改为带参数的方法，以提高程序可维护性及可交付性。
程序源代码请扫描二维码下载。
执行本程序，对照数据表中的记录查看程序运行结果。
本任务实施综合运用了集合、数据库访问等多项编程技术，综合性、实用性较强，请同学们深入理解，并运用到实际程序设计中。

【同步训练】

利用 PreparedStatement 接口，设计系统登录程序，根据输入的用户名和密码查询用户信息，若用户名和密码正确，则允许登录系统，否则提示错误信息。

【知识梳理】

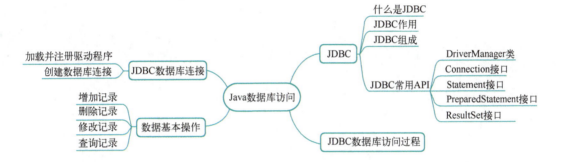

课后作业

一、填空题和选择题

1. _____ 包提供了在 Java 中处理关系型数据库的类和接口。
2. Java 中，JDBC 是指 _____。
   A．Java 程序与数据库连接的一种机制　　B．Java 程序与浏览器交互的一种机制
   C．Java 类库名称　　　　　　　　　　　　D．Java 类编译程序
3. 在利用 JDBC 连接数据库时，为建立实际的网络连接，不必传递的参数是 _____。
   A．URL　　　　B．数据库用户名　　　　C．密码　　　　D．请求时间
4. JDBC 中显式地关闭连接的命令是 _____。
   A．Connection.close()　　　　　　　　　B．RecordSet.close()
   C．Connection.stop()　　　　　　　　　　D．Connection.release()

二、简答题

写出使用 JDBC 读取关系型数据库的操作步骤。

三、程序设计

1. 编写一个程序，将学生成绩表中的所有 C 语言成绩不及格的分数改为 60 分，然后再输出所有学生的 ID、姓名和 C 语言成绩。

2. 编写一个程序，删除学生成绩表中一个学生的全部信息，学生的 ID 值在程序运行时输入。

3. 编写一个程序，统计每一个学生的平均成绩，并且按照从高到低的顺序输出学生的 ID、姓名和平均成绩。

单元 10　Java 图形用户界面设计

图形用户界面（Graphical User Interface，GUI）已经成为目前几乎所有软件的标准界面。它使用图形的方式，借助菜单、按钮等标准界面元素和鼠标操作，帮助用户方便地向计算机系统发出指令，启动操作，并将系统运行的结果同样以图形方式显示给用户。图形用户界面画面生动，操作简单，省去了字符界面下用户必须记忆各种命令的麻烦。

为了方便 GUI 的开发，Java 提供了专门的类库：java.awt 包和 java.swing 包，它们用来生成各种标准图形界面元素和处理图形界面的各种事件。

【学习目标】

知识目标
（1）了解 Java 图形用户界面基本组成及程序设计方法
（2）掌握 AWT 布局管理器的应用
（3）熟练掌握常见 Swing 组件的使用
（4）熟悉事件处理机制，掌握事件处理方法

能力目标
（1）能够使用布局管理器实现界面设计
（2）能对事件进行正常处理
（3）能够灵活使用各种常用组件

素质目标
（1）培养一定的审美能力，懂得欣赏美、创造美
（2）培养站在客户的角度看问题，提升服务他人的意识

※ 业精于勤而荒于嬉，行成于思而毁于随。

任务 10.1　学生信息管理系统登录界面设计

【任务分析】

学生信息管理系统主要提供给教师和学生两种角色的用户使用，用户使用前需要首先进行登录，本任务实现用户登录界面的设计，如图 10-1 所示。

图 10-1 登录界面

 【基本知识】

10.1.1 Java 图形用户界面的组成

Java 图形用户界面的各种元素称为**组件**（**Component**），它是以图形化的方式显示在屏幕上并能与用户进行交互的对象，如一个按钮、一个文本框等。Java 图形用户界面主要由三类组件组成：容器组件、控制组件和用户自定义组件。

视频 10-1

1. 容器组件

容器（Container）是用来组织其他界面成分和元素的单元。它是 Component 的子类，因此容器本身也是一个组件，具有组件的所有性质，但是它的主要功能是容纳其他组件和容器。一个 Java 容器可以容纳多个组件，并使它们成为一个整体。容器分为顶层容器和非顶层容器两大类，一个应用程序中至少有一个顶层容器，其中可以包含若干个其他容器。Java 容器类的层次结构如图 10-2 所示。

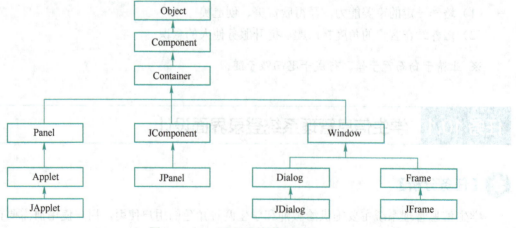

图 10-2 Java 容器类的层次结构

javax.swing 包中主要使用 JFrame 和 JPanel 两种容器。

（1）JFrame

JFrame 通常被称为框架，扩展自 java.awt.Frame 类，用于在 Swing 程序中创建窗口，包含边框、标题和用于关闭和图标化窗口的按钮。表 10-1 列出了 JFrame 的构造方法和常用方法。

表 10-1 JFrame 方法

方　　法	说　　明
JFrame()	创建一个无标题的初始不可见的框
JFrame(String title)	创建一个标题为 title 的初始不可见的框
void setSize(int width, int height)	将窗口大小调整为指定的宽度和高度
void setTitle(String name)	设置框架的标题
void setDefaultCloseOperation(JFrame.EXIT_ON_CLOSE)	单击框架的关闭按钮时，退出程序
void pack()	紧凑排列窗口，使其尽量小，小到刚刚能够容纳其中的组件

☞ 说明：

- JFrame 被默认初始化为不可见且宽和高均为 0 像素，要使用 setVisible(true) 方法使之可见，并用 setSize() 设置大小。
- JFrame 如果不进行布局设置，只显示最后添加到框架中的一个组件，且显示在框架的中央并占据整个框架。其默认布局管理器为 BorderLayout。
- 一般可自定义一个窗口类使其继承自 JFrame。

【例 10-1】 JFrame 应用示例。

```
import javax.swing.JFrame;
public class JFrameDemo1 {
    public static void main(String args[]) {
        //使用无参构造
        JFrame frame = new JFrame(); //也可使用带参构造创建窗体
        frame.setTitle("你好!");//设置标题
        frame.setSize(600,600);
        frame.setVisible(true);
    }
}
import javax.swing.JFrame;
public class JFrameDemo2 extends JFrame{ //定义一个类继承自 JFrame
    public JFrameDemo2(String title) {
        super(title);
    }
    public static void main(String args[]) {
        //创建 JFrameDemo2 对象，同时设置窗体标题为"自定义窗体类!"
        JFrameDemo2 frame = new JFrameDemo2("自定义窗体类");
        frame.setSize(600, 600);
        frame.setVisible(true);
    }
}
```

程序运行结果如图 10-3 所示。

图 10-3 【例 10-1】程序运行结果

可以使用 add 方法直接在 JFrame 框架中添加组件，使用 setLayout 设置框架的布局，如下所示。

```
JFrame frame = new JFrame(   );
frame .setSize(800,400);
frame .add(new JButton("OK"));
frame .setLayout(new FlowLayout(FlowLayout.LEFT,10,20));
```

☞ 说明：在 JDK 1.4 之前的版本中，以上程序段是不允许的，JFrame 不能直接通过 add()方法添加组件，也不能直接通过 setLayout()方法设置布局，否则将抛出异常。设计框架时要使用以下代码将所有组件添加到框架的内容窗格中。

```
Container container = getContentPane();
container.add(new new JButton("OK"));
container.setLayout(container.setLayout(new BorderLayout(5, 10));
```

（2）JPanel

JPanel 为中间容器，用于将 Swing 组件组合在一起。该类继承自 JComponent，其添加组件的方法为 add(JComponent 组件)，常用构造方法如表 10-2 所示。

表 10-2 JPanel 常用构造方法

方　　法	说　　明
JPanel()	创建一个 JPanel 对象
JPanel(LayoutManager layout)	创建 JPanel 对象时指定布局 layout
Component add(Component component)	向 JPanel 中添加组件
void setBounds(int x,int y,int width, int height)	设置 JPanel 的位置及宽高
void setSize(int width, int height)	将 JPanel 的大小调整为指定的宽度和高度
void setPreferredSize(Dimension dimension)	设置首选 JPanel 的大小
void setLayout(LayoutManager layout)	设置布局 layout

以下程序段是使用 JPanel 的有关核心语句。

```
JPanel pn1=new JPanel();
pn1.add(new JButton("按钮 1")); //或添加其他组件
pn1.add(new JButton("按钮 2"));
```

2. 控制组件

控制组件是组成图形用户界面的最小单位之一，它里面不再包含任何其他成分。控制组件的作用是完成与用户的一次交互，如接受用户命令、接受用户的文本输入、显示文本或图形等。

3．用户自定义组件

除了以上标准的图形界面元素，还可以根据用户需要设计一些用户自定义的图形界面成分，如绘制一些几何图形、加入标志图案等。这些图形界面成分通常只起到装饰和美化作用，不能响应用户的动作，不具备交互功能。

Java 中涉及图形 API 的包有两个，即 java.awt 和 javax.swing。AWT 类定义在 java.awt 包中，swing 组件定义在 javax.swing 包中，大多数 Swing 组件的名字前都有前缀 J，如 JComponent、JApplet 等。图形 API 包含下列基本类，它们的层次结构关系如图 10-4 所示。

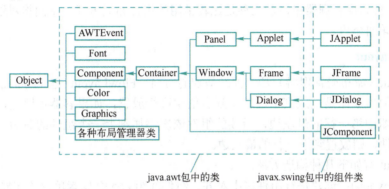

图 10-4　GUI 程序设计常用类及层次结构关系

1）Component：是所有用户界面类的父类。
2）Container：是所有容器类的父类。
3）JComponent：是所有 Swing 组件的父类，它的子类包括 JButton、JTextField、JCheckedBox、JMenu、JRadioButton、JLable、JList、JTableJTextArea、JPanel、JScrollPane 等，是构成 GUI 的基本元素。
4）JFrame：框架类，是一个不包含在其他窗口内的窗口（顶层窗口），它可以包含其他 Swing 组件和容器。
5）JDialog：弹出式窗口类，用于接收用户附加信息或发布消息的临时窗口。
6）JApplet：是 Applet 的一个子类。要创建基于 Swing 的 Java applet，必须扩展 JApplet，现很少使用。
7）JPanel：Swing 容器，称为面板，是一个存放用户界面组件的不可见的容器。
8）Graphics：绘图类。它是一个抽象类，提供了绘制字符串、直线和一些简单形状的图形环境。
9）Color：用来处理图形组件的颜色。
10）Font：用来设置字符串的字体、字形和大小。

10.1.2　Java 布局管理

在 GUI 程序设计中，组件在界面中的布局（组件的大小和位置）也是至关重要的一个环节。Java 用布局管理器（LayoutManager）来自动设定容器中组件的大小和位置，当容器改变大小时，布局管理器自

视频 10-2

动改变其中的大小和位置，每种容器都有自己的默认布局管理器。

布局管理器属于 AWT 组件，常用的布局管理器类主要有 5 个：FlowLayout、BorderLayout、GridLayout、CardLayout、GridBagLayout。

每一种容器都有自己默认的布局管理器，如果不希望使用默认的布局管理器，则可以使用 Container 的 setLayout()方法来设置容器的布局管理器，如设置 JPanel 组件的布局为 BorderLayout 的代码如下。

  JPanel panel=new Jpanel();
  panel.setLayout(new BorderLayout());

在以上 5 种布局管理器中，前三种是比较常用的组件布局方式，下面将对这三种布局管理器的使用进行详细介绍。

1．FlowLayout

FlowLayout（流布局管理器）是一种最基础的布局。FlowLayout 是 Panel 的默认布局管理器。其组件的放置规律是从上到下、从左到右依次进行放置，如果容器足够宽，则先把第一个组件添加到容器中第一行的最左边，后续的组件依次添加到上一个组件的右边，如果当前行已放置不下该组件，则放置到下一行的最左边。

FlowLayout 有如下几种构造方法。

1）FlowLayout()：创建每行组件居中对齐、组件间距为 5 个像素单位的布局管理器对象。

2）FlowLayout(int align)：创建指定每行组件的对齐方式、组件间距为 5 个像素单位的布局管理器对象。Align 表示组件对齐方式的 3 个常量：CENTER（指定组件的每一行居中对齐）、LEFT（指定组件的每一行左对齐）、RIGHT（指定组件的每一行右对齐）。如：

  FlowLayout(FlowLayout.LEFT);

3）FlowLayout(int align,int hgap,int vgap)：创建指定每行组件的对齐方式、指定组件间距的布局管理器对象。其中第一个参数表示组件的对齐方式，第二个参数是组件之间的横向间隔，第三个参数是组件之间的纵向间隔，单位是像素。如：

  FlowLayout(FlowLayout.RIGHT,20,40);

【例 10-2】 FlowLayout 应用示例。

```
import java.awt.*;
import javax.swing.*;
public class FlowLayoutTest {
    public static void main(String args[]) {
        JFrame f = new JFrame();
        f.setLayout(new FlowLayout(FlowLayout.LEFT, 10, 20));//组件对齐方式为左对齐
        JButton button1 = new JButton("Ok");
        JButton button2 = new JButton("Open");
        JButton button3 = new JButton("Close");
        f.add(button1);
        f.add(button2);
        f.add(button3);
        f.setSize(300, 100);
```

            f.setVisible(true);
            f.setDefaultCloseOperation(JFrame.EXIT_ON_CLOSE);
        }
    }

程序运行结果如图 10-5 所示。

改变语句 **f.setLayout(newFlowLayout.LEFT,10,20));** 中的对齐方式，重新运行该程序，比较运行结果。

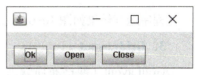

图 10-5 【例 10-2】程序运行结果

FlowLayout 非常适合于容器中只有少量组件时的情况，当容器中存在较多组件时，组件的布局将显得无序而凌乱。

2. BorderLayout

BorderLayout（边框布局管理器）将容器的布局分为上、下、左、右、中 5 个区域，分别对应 North（北区）、South（南区）、West（西区）、East（东区）和 Center（中区）。当容器的大小改变时，容器中的各个组件相对位置不变，其中间部分的尺寸会发生变化，四周组件的宽度固定不变。JFrame 的默认布局即为 BorderLayout。

向 BorderLayout 布局的容器添加组件时，每添加一个组件都应指明该组件的位置。可使用 add(component,index)方法向容器添加组件，其中的第二个参数指明组件位置，其取值为以下 5 个常量之一：Borderlayout.North、Borderlayout.South、Borderlayout.West、Borderlayout.East、Borderlayout. Center。如：

    add(button1, Borderlayout. North);

BorderLayout 构造方法有如下两种。

1）BorderLayout()：创建组件间无间距的布局对象。

2）BorderLayout(int hgap ,int vgap)：创建指定组件间距的布局对象。

BorderLayout 是窗口、框架和对话框类容器的默认布局管理器。

【例 10-3】 BorderLayout 应用示例。

```
import java.awt.*;
import javax.swing.*;
public class BorderLayoutTest extends JFrame {
    public BorderLayoutTest() {
        Container container = getContentPane();
        container.setLayout(new BorderLayout(5, 10));
        container.add(new JButton("East"), BorderLayout.EAST);
        container.add(new JButton("South"), BorderLayout.SOUTH);
        container.add(new JButton("West"), BorderLayout.WEST);
        container.add(new JButton("North"), BorderLayout.NORTH);
        container.add(new JButton("Center"), BorderLayout.CENTER);
    }
    public static void main(String[] args) {
        BorderLayoutTest frame = new BorderLayoutTest();
        frame.setTitle("Show BorderLayout");
        frame.setDefaultCloseOperation(EXIT_ON_CLOSE);
        frame.setSize(300, 200);
```

```
            frame.setVisible(true);
        }
    }
```

程序运行结果如图10-6所示。

3. GridLayout

GridLayout（网格布局管理器）将容器分成尺寸相同的网格，组件被放置在网格的空白处，顺序与流式布局一样。网络中的组件具有相同的大小。

GridLayout有三个构造方法：

1）GridLayout()：以每行一列的方式构建一个GridLayout对象。

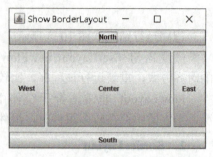

图10-6 【例10-3】程序运行结果

2）GridLayout(int row,int columns)：根据指定的行数和列数构造一个GridLayout对象，组件间距为0。

3）GridLayout(int row,int columns, int hgap, int vgap)：根据指定的行数和列数构造一个GridLayout对象，组件间距按指定值设置。

GridLayout中的行数与列数有如下规定。

1）行数和列数可以为零，但不能全为零。如果一个为零，一个不为零，不为零的维数固定，为零的维数根据容器中组件的个数动态地决定。如指定网络的行数为0，列数为3，有10个组件，GridLayout创建3个固定的列和4个行，最后一行只包含1个组件。

2）如果行数和列数都不为零，那么行数是固定的，列数根据容器中组件的个数动态地决定。如指定一个3行3列的网络，有10个组件，GridLayout创建3个固定的行和4个列，最后一行只包含2个组件。

【例10-4】 GridLayout应用示例。

```
        import java.awt.*;
        import javax.swing.*;
        public class GridLayoutTest extends JFrame {
            public GridLayoutTest() {
                Container container = getContentPane();
                container.setLayout(new GridLayout(4, 3, 5, 5));
                for (int i = 1; i <= 10; i++)
                    container.add(new JButton("Component " + i));
            }
            public static void main(String[] args) {
                GridLayoutTest frame = new GridLayoutTest();
                frame.setTitle("Show GridLayout");
                frame.setDefaultCloseOperation(JFrame.EXIT_ON_CLOSE);
                frame.setSize(200, 200);
                frame.setVisible(true);
            }
        }
```

程序运行结果如图10-7所示。

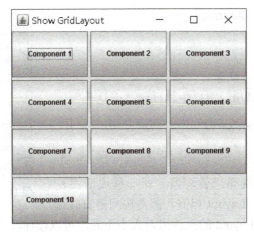

图 10-7 【例 10-4】程序运行结果

4．CardLayout

CardLayout（卡片布局管理器）将组件放在一系列卡片上，一次只能看到一张卡片，在一张卡片中只能放一个组件。使用构造方法 CardLayout()可以构建 CardLayout 对象。

组件按添加顺序放在卡片序列中，使用下面的方法可以将组件添加到容器中：

  add(Component component, String name);

其中 String 型参数 name 给卡片中的组件指定一个标识。

为了使组件在使用 CardLayout 的容器中可见，可使用 CardLayout 对象的下列方法。

1）first(Container container)：显示容器中的第一张卡片。

2）last(Container container)：显示容器中的最后一张卡片。

3）next(Container container)：显示容器中的下一张卡片。

4）show(Container container, String name)：显示容器中指定名称的卡片。

【例 10-5】 CardLayout 应用示例。

```
import javax.swing.*;
import java.awt.*;
public class CardLayoutTest extends JFrame{
    public CardLayoutTest(){
        Container container = getContentPane();
        CardLayout layout=new CardLayout();
        container.setLayout(layout);
        container.add(new JButton("卡片一" ),"card1");
        container.add(new JButton("卡片二" ),"card2");
        container.add(new JButton("卡片三" ),"card3");
        layout.show( container,"card2");
    }
    public static void main(String[] args){
        CardLayoutTest frame = new CardLayoutTest();
        frame.setTitle("Show CardLayout");
        frame.setDefaultCloseOperation(JFrame.EXIT_ON_CLOSE);
        frame.setSize(200, 200);
```

```
        frame.setVisible(true);
    }
}
```

程序运行结果如图 10-8 所示。

程序中如果没有以下语句，窗口中将显示"卡片一"。

```
layout.show( container,"card2");
```

5．GridBagLayout

GridBagLayout（网格块布局管理器）是一种灵活而复杂的布局管理器，它与 GridLayout 相似，都是按网格安放组件，所不同的是，GridBagLayout 的组件可以大小不同，可以按任意次序添加。

图 10-8 【例 10-5】程序运行结果

由于 GridBagLayout 比较复杂，使用也比较少，所以在此不再详细介绍，使用时可参看 Java API 说明。

10.1.3 Swing 常用组件的设置

Swing 提供了丰富的组件类，以满足各种 GUI 设计的需求。这些组件类均继承自 JComponent，表 10-3 列出 JComponect 的一些常用方法，通过这些方法可对组件的属性进行设置。

视频 10-3

表 10-3 JComponect 常用方法

方 法	说 明
void setBackground(Color bg)	设置背景色
void setBorder(Border border)	设置此组件的边框。EmptyBorder 为空边框，可设置组件上下左右的距离
void setEnabled(boolean enabled)	设置是否启用此组件
void setFont(Font font)	设置此组件的字体
setVisible(boolean aFlag)	使组件可见或不可见

1．按钮（JButton）

按钮是一种单击时触发行为的组件，是 GUI 中非常重要的一种基本组件。

（1）JButton 构造方法

JButton 有如下类型的构造方法：

- JButton()创建不带文本和图标的按钮。
- JButton(Icon icon)创建带图标的按钮。
- JButton(String text)创建带文本的按钮。
- JButton(String text，Icon icon)创建带文本和图标的按钮。

图标是一个固定大小的图片，用于装饰组件。利用 ImageIcon 类可以从图像文件中得到图标。如下语句创建一个带图标的按钮。

```
Icon icon=new ImageIcon("photo.gif");
JButton button=new JButton(Icon icon);
```

目前 Java 支持 GIF 和 JPEG 图像格式。

（2）常用方法
- public void setMnemonic(int mnemonic)设置快捷字母键，它通常与〈Alt〉键组合使用。如：

    Button. setMnemonic(KeyEvent.VK_W);

设置快捷字母键为〈W〉，按〈Alt+W〉组合键可将按钮激活。
- public void setActionCommand(String actionCommand)设置按钮的动作命令。

（3）JButton 事件

按钮可触发多种事件，不过需要响应的是 ActionEvent，可实现 ActionListener 监听器接口中的 actionPerformed(Event e)。在 actionPerformed(Event e)方法中，可用 e.getActionCommand()或 e.getSource()确定事件源。

2．标签（JLabel）

标签是用户只能查看不能修改其内容的组件，常用来在界面输出信息。

（1）JLabel 构造方法

创建标签的构造方法有：
- public JLabel()创建一个空标签。
- public JLabel(String text)创建一个指定文字的标签。
- public JLabel(Icon image)创建一个指定图标的标签。
- public JLabel(String text，Icon image，int horizontalAlignment)创建一个指定文字、图标和水平对齐方式的标签。

其中，horizontalAlignment（即水平对齐方式）可以是 SwingConstants 中定义的以下常量之一：LEFT、CENTER、RIGHT、LEADING、TRAILING。

实现标签对象的程序语句为：

    JLabel jLabel = new JLabel("这是 Swing 标签"，JLabel.LEFT);
    contentPane.add(jLabel);

再如：

    JLabel mapLabe = new JLabel(new ImageIcon("c.gif"));

（2）常用方法
- getText()返回标签显示的文本字符串。
- setIcon(Icon icon)定义标签将显示的图标。
- setText(String text)定义此组件将要显示的单行文本。

3．单行文本框（JTextField）

（1）JTextField 的构造方法
- JTextField()构造一个空的文本输入框。
- JTextField(String text)构造一个新的文本输入框，以指定文本作为初始文本。
- JTextField(String text，int columns)构造一个新的文本输入框，并指定文字和初始列数。

（2）JTextField 常用方法
- setText(String text)设置文本框中显示的字符串。
- getText()获取文本框中显示的字符串。

- getColumns()获取文本框中的列数。
- setColumns(int columns)设置文本框中的列数。
- setHorizontalAlignment(int value)设置文本框中文本的水平对齐方式。其中 value 的取值可以是 JTextField.LEFT、JTextField.CENTER、JTextField.RIGHT 等。
- setFont(Font f)设置文本框中文本的字体。

（3）JTextField 可触发的主要事件

在文本框中单击鼠标或按〈Enter〉键触发 ActionEvent 事件，改变文本框的内容引发 TextEvent 事件。

4．多行文本框（JTextArea）

要在文本框中处理多行文字则需要使用 JTextArea 组件。JTextArea 又称为文本区组件。

（1）JTextArea 构造方法

- JTextArea()构造一个空的多行文本区。
- JTextArea(String text)用指定的显示文本构造一个新的文本区。
- JTextArea(int rows,int columns)创建一个指定行数和列数的空文本区。
- JTextArea(Strint text,int rows,int columns)创建一个指定行数、列数和文本内容的文本区。

如：

```
JTextArea jTextArea = new JTextArea("这是多行文本域!");
contentPane.add(jTextArea);
```

（2）JTextArea 常用方法

- insert(String s,int pos)将字符串 s 插入文本区的指定位置。
- append(String s)将字符串 s 插入到文本区的末尾。
- replaceRange(String s,int start,int end)用字符串 s 替换文本中从位置 start 到 end 的文字。
- setLineWrap(boolean wrap)设置文本区的文本是否自动换行，wrap 为 true 时自动换行，默认为 false。

5．口令文本框（JPasswordField）

口令文本框 JPasswordField 允许编辑一个单行文本，但不显示原始字符，是一个专门用于输入用户口令的文本框组件。

JPasswordField 构造方法与 JTextField 构造方法类似。常用的其他方法还有如下两个。

- getPassword()获取输入的口令。
- setEchoChar(char c)设置用于回显的字符，默认值为"*"。

创建口令文本框的语句如下。

```
JPasswordField jPasswordField = new JPasswordField();
contentPane.add(jPasswordField);
```

6．复选框（JCheckBox）

复选框可以为用户提供多个选项，让用户从中任意进行选择，它具有开关或真假两种状态。当用户单击复选框时，状态会发生改变。创建复选框的构造函数如下。

- JCheckBox()创建不带文本或图标、初始非选中的复选框。

- JCheckBox(String text)用指定的文本创建初始非选中的复选框。
- JCheckBox(String text, boolean selected)用指定文本创建一个复选框，并指定是否初始选中该复选框。selected 为真表示按钮初始状态为选中。如：

    JCheckBox jCheckBox1 = new JCheckBox("北京");
    contentPane.add(jCheckBox1);
    JCheckBox jCheckBox1 = new JCheckBox("北京"，true); //初始状态为选中

isSelected()也是 JCheckBox 类的常用方法，其格式为：

   public Boolean isSelected();

当复选框被选中时返回值为 true，否则为 false。

7．单选按钮（**JRadioButton**）

单选按钮为用户提供多个选项，让用户从中选择一项，即实现"多选一"。为了实现从一组单选按钮中选择一个，应该把多个单选按钮放入一个**按钮组**（**ButtonGroup**），这样当选中某一项时，其他单选按钮才能变成未选中状态。如果不放入按钮组，其使用效果与复选框相同。

JRadioButton 的构造方法与 JCheckBox 相似，可以引发的事件也是 ItemEvent 和 ActionEvent。

8．组合框（**JComboBox**）

组合框是由若干项目组成的简单列表，用户能够从列表中进行选择，一次只能从中选择一项。使用该组件可以限制用户的选择范围，并能避免对输入数据进行有效性验证。

创建 JComboBox 的构造方法如下。

- JComboBox()创建一个下拉列表为空的组合框。
- JComboBox(Obiect[ ] stringItems) 用指定的数组创建组合框。

对 JComboBox 的操作有以下常用方法。

- addItem(Object item)将列表项添加至列表。
- getItemAt(int index) 返回指定索引位置的列表项。
- getItemCount() 返回列表（作为对象）中的项数。
- getSelectedItem()将当前选择的列表项作为一个对象返回。
- getSelectedIndex()返回当前选择列表项的索引位置。
- removeItem(Object item) 删除指定的列表项。
- removeAllItem() 删除列表中的所有列表项。

如：

   JComboBox jcb=new JComboBox();
   jcb.addItem("Item1");
   jcb.addItem("Item2");
   jcb.addItem("Item3");

9．列表框（**JList**）

列表框的作用与组合框基本相同，但它允许用户同时选择多个选项。可以用一组字符串构造一个列表，如下所示。

```
String[ ] list={"Item1", "Item2", "Item3",}
JList jList=new JList(list);
```

JList 对象有三种选择模式，可以使用 setSelectMode 方法设置。改变选择模式的三个参数如下。

1) SINGLE_SELECTION：单项选择。
2) SINGLE_INTERVAL_SELECTION：选择连续的多项。
3) MULTIPLE_INTERVAL_SELECTION：选择不连续的多项，该项为默认值。

【任务实施】

任务 10-1

学生信息管理系统登录界面的实现步骤如下。

1) 首先创建一个类 LoginJFrame，使得该类继承自 JFrame，同时定义一个带 String 类型参数的构造方法。
2) 在构造方法中创建 JLabel 标签组件，使用带参构造方法设置文本。
3) 在构造方法中创建 JTextField 和 JPasswordField 组件，使用带参构造设置列数。
4) 在构造方法中创建 ButtonGroup 和 JRadioButton 组件，使用带参构造设置单选按钮文本及是否被选中，并将单选按钮添加至按钮组。
5) 在构造方法中创建 JButton 登录按钮，使用带参构造设置文本。
6) 依次创建 4 个 JPanel 面板，将第 2) ~5) 步中所创建的组件按需添加至 JPanel 面板中。
7) 将 4 个 JPanel 面板添加至主窗体。
8) 在构造方法中设置 JFrame 的相关特性，如窗体大小、窗体布局、可见性、退出关闭等。

登录窗体类 LoginJFrame 的实现代码请扫描二维码下载。

运行程序，结果如图 10-1 所示。

【同步训练】

工单 10-1

设计用户注册窗体，窗体标题设置为"用户注册"，在该窗体中使用布局合理摆放并显示各组件。

任务 10.2 登录功能实现

【任务分析】

任务 10.1 已经实现登录界面设计，但当用户单击"登录"或"重置"按钮后并不能实现和用户的交互。本任务将实现单击"登录"按钮后，获取用户录入的用户名、密码及角色，对用户名、密码及角色进行相关验证，给出用户登录成功与否的提示，而单击"重置"按钮实现用户名和密码的清除。程序运行结果如图 10-9 和图 10-10 所示。

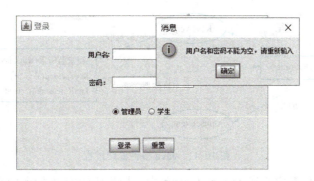

图 10-9　用户名及密码为空时的登录提示

图 10-10　管理员登录成功时的提示

【基本知识】

10.2.1　Java 事件处理

视频 10-4

在前面几个示例程序中，仅仅完成了 GUI 的设计及布局，用户和程序还无法进行交互，要实现用户与程序的交互就要使用事件处理。

在 Java 中，除了键盘或鼠标操作，系统的状态改变也可以引发事件。可能产生事件的组件称为**事件源**，不同事件源上发生的事件种类是不同的。若希望事件源上引发的事件被程序处理，需要给事件源注册能够处理该事件的**监听器**。监听器具有监听和处理某类事件的功能。由于事件源本身不处理事件，而是委托相应的事件监听器来处理，这种事件处理模式被称为**委托模式**。

在这种模式下，每一个可以触发事件的组件被当作事件源，每一种事件都对应专门的监听器。监听器负责接收和处理这种事件。一个事件源可以触发多种事件，如果它注册了某种事件的监听器，那么这种事件就会被接收和处理。如 JFrame 是一个事件源，它可以触发键盘事件和鼠标事件等，键盘事件对应一个键盘监听器，它会在某个键被按下和被释放时作出响应。JFrame 注册了键盘监听器，所以它触发的键盘事件将被处理。对于 JFrame 触发的鼠标事件，由于没有注册相应的鼠标监听器，因此这种事件不会被处理。Java 事件处理过程如图 10-11 所示。

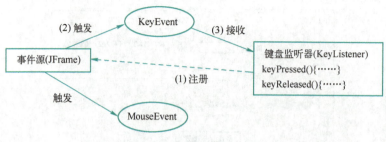

图 10-11　Java 事件处理过程

Java 中的所有事件都定义在 java.awt.event 中，用相应的类来表示不同的事件，如键盘事件类 KeyEvent、鼠标事件类 MouseEvent 等。这些事件类都是从 AWTEvent 类继承而来的。每个事件类对应一个**事件监听接口**，如 KeyEvent 对应的事件监听接口为 KeyListener，监听接口中定义了一个或多个事件的处理方法（称为**事件处理器**）。如果程序需要处理某种事件，就需要实现相应的事件监听接口。Java 中各种事件的事件类型及事件监听接口如表 10-4 所示。

表 10-4　事件的事件类型及事件监听接口

触发事件	事件类型	事件监听接口
单击按钮、双击列表项、选择菜单项	ActionEvent	ActionListener
滚动条位置改变	AdjustmentEvent	AdjustmentListener
调整组件大小，移动、隐藏或显示组件	ComponentEvent	ComponentListener
容器内组件的添加、删除	ContainerEvent	ContainerListener
组件失去或获取焦点	FocusEvent	FocusListener
选择或取消选择列表框中的项、复选框等	ItemEvent	ItemListener
按下或放开某键	KeyEvent	KeyListener
鼠标移动、单击、拖动或释放	MouseEvent	MouseListener
		MouseMotionListener
文本框的输入或修改等	TextEvent	TextListener
窗口的打开、关闭、激活或退出	WindowEvent	WindowListener

各监听器接口所定义的事件处理方法如下。

1）ActionListener：actionPerformed（ActionEvent e）。

2）AdjustmentListener：adjustmentValueChanged（AdjustmentEvent e）。

3）ComponentListener：componentResized(ComponentEvent e)、componentMoved(ComponentEvent e)、componentShown(ComponentEvent e)、componentHidden(ComponentEvent e)。

4）ContainerListener：componentAdded(ContainerEvent e)、componentRemoved(ContainerEvent e)。

5）FocusListener：focusGained(FocusEvent e)、focusLost(FocusEvent e)。

6）ItemListener：itemStateChanged(ItemEvent e)。

7）KeyListener：keyTyped(KeyEvent e)、keyReleased(KeyEvent e)、keyPressed(KeyEvent e)。

8）MouseListener：mouseClicked(MouseEvent e)、mousePressed(MouseEvent e)、mouseReleased(MouseEvent e)、mouseEntered(MouseEvent e)、mouseExited(MouseEvent e)。

9）MouseMotionListener：mouseDragged(MouseEvent e)、mouseMoved(MouseEvent e)。

10）TextListener：textValueChanged(TextEvent e)。

11）WindowListener：windowOpened(WindowEvent e)、windowClosing(WindowEvent e)、 windowClosed(WindowEvent e)、windowIconified(WindowEvent e)、windowDeiconified(WindowEvent e)、windowActivated(WindowEvent e)、windowDeactivated(WindowEvent e)。

事件监听接口的方法名称比较方便记忆，从方法名可以看出这个方法被调用的源或条件。

【例10-6】 按钮单击事件处理示例。

在一个面板中放置三个按钮，单击其中一个按钮之后，相应按钮的背景颜色将随之改变，如图10-12所示。

图10-12 按钮单击事件处理示例

```
import javax.swing.*;
import java.awt.*;
import java.awt.event.*;
public class TestActionEvent extends JFrame implements ActionListener {
    //声明成员变量
    private JButton yellowButton = new JButton("Yellow");
    private JButton blueButton = new JButton("Blue");
    private JButton redButton = new JButton("Red");
    //无参构造方法
    public TestActionEvent() {
        //设置窗体标题
        setTitle("事件测试窗体");
        JPanel jpanel = new JPanel();
        jpanel.setLayout(new FlowLayout());
        //在面板中添加按钮
        jpanel.add(yellowButton);
        jpanel.add(blueButton);
        jpanel.add(redButton);
        add(jpanel);
        //注册监听器
        yellowButton.addActionListener(this);
        blueButton.addActionListener(this);
        redButton.addActionListener(this);
    }
    //当按钮被单击时，该方法将会被触发和执行
    public void actionPerformed(ActionEvent e) {
        //当前事件源为 yellowButton
        if (e.getSource() == yellowButton) {
            yellowButton.setBackground(Color.YELLOW);
        } else if (e.getSource() == blueButton) {//当前事件源为 blueButton
            blueButton.setBackground(Color.BLUE);
```

```
        } else if (e.getSource() == redButton) {//当前事件源为 redButton
            redButton.setBackground(Color.RED);
        }
    }
    //主方法
    public static void main(String[] args) {
        TestActionEvent frame = new TestActionEvent();
        frame.setSize(300, 200);
        frame.setVisible(true);
        frame.setDefaultCloseOperation(JFrame.EXIT_ON_CLOSE);
    }
}
```

10.2.2 创建和使用菜单

菜单是 GUI 中的重要组件，它是各种命令的集合。图 10-13 显示了一个带有子菜单的典型 GUI 菜单。

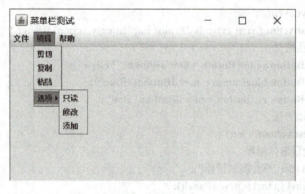

图 10-13　GUI 菜单

位于窗口顶部的菜单栏（MenuBar）包含菜单名，单击菜单名可以打开包含菜单项（MenuItem）和子菜单（Submenu）的菜单。当用户单击菜单项时，将相应的操作命令发送到程序，相当于引发了一个ActionEvent。

每个菜单组件由菜单栏、子菜单项和菜单项组成。菜单组件中的每一个成分都有相应的类，Javax.swing.JMenuComponent 类是所有菜单类的父类，它的子类有：JMenuBar（菜单栏）、JMenu（子菜单项）、JMenuItem（菜单项）和 JPopupMenu（弹出菜单）。创建菜单可通过以下步骤完成。

1. 创建一个菜单栏，并建立它与框架的关联

```
JFrame frame =new JFrame();
frame.setSize(500,500);
JMenuBar jmenuBar = new JMenuBar();
frame.setJMenuBar(jmenuBar);//将菜单栏设置为当前窗口的菜单栏
```

2. 创建菜单

使用 JMenu(String label)带参构造方法创建菜单。

```
JMenu fileMenu = new JMenu("文件");
JMenu editMenu = new JMenu("编辑");
jmenuBar.add(fileMenu);//添加到菜单栏中
jmenuBar.add(editMenu);
```

以上语句创建了名称分别为"文件"和"编辑"的两个菜单，如图 10-14 所示。

3. 创建菜单项并将它们添加到菜单

```
fileMenu.add(new JMenuItem("新建" ));
fileMenu.add(new JMenuItem("打开" ));
fileMenu.addSeparator();
fileMenu.add(new JMenuItem("打印" ));
fileMenu.addSeparator();
fileMenu.add(new JMenuItem("退出" ));
```

以上代码依次将菜单项"新建""打开""打印"和"退出"添加到"文件"菜单，并通过 addSeparator()方法在菜单中添加分割线，将菜单项进行分组，效果如图 10-15 所示。

图 10-14　创建菜单栏

图 10-15　创建菜单项

4. 创建子菜单

可以将一个菜单嵌入另一个菜单中，前者就称为子菜单。如：

```
editMenu.add(new JMenuItem("剪切"));
editMenu.add(new JMenuItem("复制"));
editMenu.add(new JMenuItem("粘贴"));
editMenu.addSeparator();
JMenu optionsMenu = new JMenu("选项");
editMenu.add(optionsMcnu);//添加子菜单
optionsMenu.add(new JMenuItem("只读"));
optionsMenu.add(new JMenuItem("修改"));
optionsMenu.add(new JMenuItem("添加"));
```

上述代码完成了"编辑"菜单的创建，其中"选项"菜单为子菜单，它又包括"只读""修改"和"添加"三个菜单项，如图 10-16 所示。

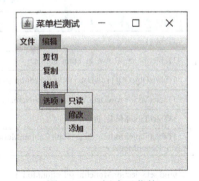

图 10-16　创建子菜单

至此一个简单的菜单应用就完成了。为了使菜单更加美观、易用，还可以对该菜单进一步进行修饰。

5. 为菜单项添加图标及快捷键

菜单组件具有 icon（图标）和 mnemonic（热键）属性。以下代码给"新建"和"打开"菜单项添加图标并设置热键。

```
JMenuItem jmiNew, jmiOpen;
fileMenu.add(jmiNew=new JMenuItem("新建（N）"));
fileMenu.add(jmiOpen=new JMenuItem("打开（O）"));
jmiNew.setIcon(new ImageIcon("new.gif"));
jmiOpen.setIcon(new ImageIcon("open.gif"));
jmiNew.setMnemonic('N');
jmiOpen.setMnemonic('O');
//给"打开"菜单项添加快捷键(CTRL+O)
jmiOpen.setAccelerator(KeyStroke.getKeyStroke(KeyEvent.VK_O,ActionEvent.CTRL_MASK));
```

6. 菜单项事件

菜单项产生 ActionEvent 的事件。例如，为菜单项 jmiNew 添加事件监听，单击"新建"菜单项后的事件处理代码如下所示。

```
jmiNew.addActionListener(new ActionListener() {
    @Override
    public void actionPerformed(ActionEvent e) {
        JOptionPane.showMessageDialog(null, "选中了"+e.getActionCommand(), null, 0);
    }
});
```

10.2.3 表格 JTable

表格 JTable 用来显示二维数据，同时可提供编辑、选择等功能，它不能作为一个应用程序的主框架，而必须包含在容器中。如果表格中数据较少，可将表格放入 JPanel 中（默认不显示列名），如果数据较多，则可放入 JScrollPane 中。

创建表格首先了解其构造方法，表 10-5 中为 JTable 构造方法及其他常用方法。

表 10-5　JTable 构造方法及其他常用方法

方　法	说　明
JTable()	创建一个新表格，并使用系统默认的 Model
JTable(int numRows, int numColumns)	创建一个行数为 numRows、列数为 numColumns 的空表格
JTable(Object[][] rowData, Object[] columnNames)	创建一个显示二维数组 rowData 中数据的表格，列名称为 columnNames
JTable(Vector rowData,Vector columnNames)	创建一个以 Vector rowData 为数据来源的表格，列名称为 columnNames
JTable(TableModel dm)	使用 TableModel 创建一个表格对象
JTable(TableModel dm, TableColumnModel cm, ListSelectionModel sm)	使用 TableModel、TableColumnModel、ListSelectionModel 创建一个表格对象
void setSelectionMode(int selectionMode)	设置选择模式，值为：ListSelectionModel.SINGLE_SELECTION、ListSelectionModel.SINGLE_INTERVAL_SELECTION、ListSelectionModel.MULTIPLE_INTERVAL_SELECTION
void setRowHeight(int rowHeight)	设置表格行高
void setDefaultRenderer(Class<?> columnClass, TableCellRenderer renderer)	设置默认渲染器
int getSelectedRow()	获取选中行的下标
int[] getSelectedRows()	获取所有选中行的下标

☞ 说明：

TableModel 为一个接口，系统中提供了该接口的实现类 AbstractTableModel，AbstractTableModel 类使用较烦琐，故实际开发中多使用 DefaultTableModel，若有功能需要定制，可自定义类，使其继承自 DefaultTableModel。

【例 10-7】 使用数组创建表格。

```java
public class JTableDemo {
    public static void main(String[] args) {
        JFrame jFrame = new JFrame();
        String[] columnNames = { "学号", "姓名","年龄" };
        Object[][] rowData = { { "J10001", "张三" ,18}, { "J10002", "李四" ,18},{ "J10003", "王五" ,18} };
        //创建 JTable 对象
        JTable studentTable = new JTable(rowData, columnNames);
        //以 studentTable 为参数构建 jScrollPane
        JScrollPane jScrollPane = new JScrollPane(studentTable);
        jFrame.add(jScrollPane);
        jFrame.setSize(600, 200);
        jFrame.setVisible(true);
    }
}
```

程序运行结果如图 10-17 所示。

图 10-17 【例 10-7】程序运行结果

【例 10-8】 使用 Vector 创建表格。

```java
import javax.swing.JFrame;
import javax.swing.JScrollPane;
import javax.swing.JTable;
public class JTableDemo2 {
    public static void main(String[] args) {
        JFrame jFrame = new JFrame();
        //列名集合
        Vector<String> columnNames = new Vector<String>();
        columnNames.add("学号");
        columnNames.add("姓名");
        columnNames.add("年龄");
        //行数据集合
        Vector<Vector> rowData = new Vector<Vector>();
        for(int i=1;i<50;i++){
            Vector student = new Vector();
```

```
            student.add("J1000"+i);
            student.add("张"+i);
            student.add(10+i);
            rowData.add(student);
        }
        //创建 JTable 对象
        JTable studentTable = new JTable(rowData, columnNames);
        //以 studentTable 为参数构建 jScrollPane
        JScrollPane jScrollPane = new JScrollPane(studentTable);
        jFrame.add(jScrollPane);
        jFrame.setSize(600, 400);
        jFrame.setVisible(true);
    }
}
```

程序运行结果如图 10-18 所示。

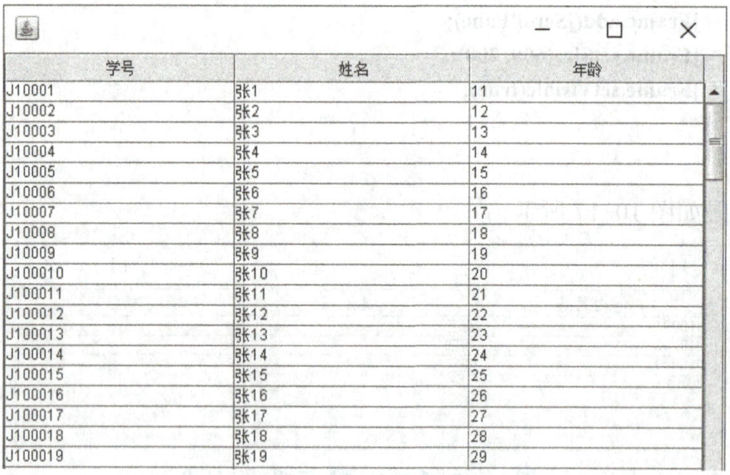

学号	姓名	年龄
J10001	张1	11
J10002	张2	12
J10003	张3	13
J10004	张4	14
J10005	张5	15
J10006	张6	16
J10007	张7	17
J10008	张8	18
J10009	张9	19
J100010	张10	20
J100011	张11	21
J100012	张12	22
J100013	张13	23
J100014	张14	24
J100015	张15	25
J100016	张16	26
J100017	张17	27
J100018	张18	28
J100019	张19	29

图 10-18 【例 10-8】程序运行结果

10.2.4 对话框

对话框（JOptionPane）是一种大小不能变化、不能有菜单的容器窗口。它不能作为一个应用程序的主框架，而必须包含在其他容器中。Java 提供多种类型的对话框，在此介绍一个使用 Swing 工具实现对话框的方法，利用 JOptionPane 类创建对话框。

系统提供了不同的对话框类型及其样式。可以调用 JOptionPane 的静态方法显示各种类型对话框。

- showMessageDialog：消息对话框，向用户显示消息。
- showConfirmDialog：确认对话框，用于向用户提一个问题，等待用户确认。
- showInputDialog：输入对话框，用于获取用户输入的文本信息。
- showOptionDialog：选择对话框，可以让用户从一级选项中选择信息。

每一种对话框都可以使用一些 JOptionPane 常量来确定对话框的样式。
消息对话框常用的表示对话框类型的 JOptionPane 常量有 PLAIN_MESSAGE、ERROR_

MESSAGE、INFORMATION_MESSAGE、WARNING_MESSAGE 和 QUESTION_MESSAGE。

【例 10-9】 对话框使用示例。实现一个消息对话框，对话框标题为"消息对话框"，显示一条问候信息"你好吗？"。

```java
import java.awt.*;
import javax.swing.*;
public class DialogBoxDemo extends JFrame {
    String dialogTitle = "消息对话框";
    String dialogMessage = "你好吗?";
    int dialogType = JOptionPane.QUESTION_MESSAGE;
    public DialogBoxDemo() {
        Container contentPane = getContentPane();
        contentPane.setLayout(new FlowLayout());
        JOptionPane.showMessageDialog(null, dialogMessage, dialogTitle, dialogType);
    }
    public static void main(String[] args) {
        DialogBoxDemo Jf = new DialogBoxDemo();
        Jf.setSize(300, 200);
        Jf.setVisible(true);
        Jf.setDefaultCloseOperation(JFrame.EXIT_ON_CLOSE);
    }
}
```

程序运行结果如图 10-19 所示。

改变程序中 dialogType 的取值，重新编译运行程序，了解各种对话框的形式。

图 10-19 消息对话框

【任务实施】

在任务 10.1 的基础上实现登录界面的交互功能，需要分别给"登录"和"重置"两个按钮注册事件监听器，并重写事件处理方法，具体实现步骤如下。

任务 10-2

1）使当前登录窗体类实现单击事件监听器（ActionListener）。

2）在登录窗体类实现的 actionPerformed()方法体中首先获取事件源。若事件源是"登录"按钮，则获取用户名、密码及角色信息，根据验证规则（验证规则可进行简单验证也可连接数据库进行验证）进行相关判断并给出提示。如果事件源是"重置"按钮，则关闭当前窗口。

3）为"登录"按钮注册事件监听器。

4）为"重置"按钮注册事件监听器。

5）编写事件处理代码。

程序源代码请扫描二维码下载。

当不输入用户名及密码时，运行效果如图 10-9 所示，而以管理员身份输入正确的用户名和密码的运行结果如图 10-10 所示。

工单 10-2

【同步训练】

为注册窗体中的"注册"按钮和"重置"按钮添加事件监听

器，当单击"注册"按钮时，实现获取用户在窗体界面中输入的信息，进行非空验证，验证通过后，借助 JDBC 连接数据库，实现将数据插入数据库中的表中，完成用户注册，并给出相应提示。

【知识梳理】

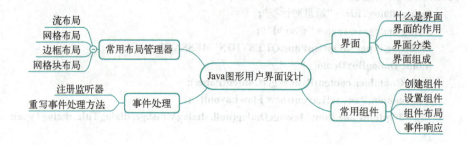

课后作业

一、填空题

1. Java 图形用户界面设计主要用到的两个包是_____和_____。
2. Java 常用的布局管理器有：_____、_____、_____和_____。
3. 常用的容器有：_____和_____。
4. 单击按钮引发的事件是_____，对应的事件监听器是_____，处理该事件的方法是_____。
5. 框架的默认布局管理器是_____，_____是面板的默认布局管理器。

二、设计题

1. 编写一个应用程序，接收用户输入的账号和密码，可以输三次。
2. 设计一个界面，其中有一个文本框和三个按钮，当按下每个按钮时，不同的文字显示在文本框中。
3. 完成如图 10-20 所示的图形界面设计，用菜单或按钮完成算术运算，当除数为零时，给出提示信息。

图 10-20 学生详细信息处理

4. 完成如图 10-21 所示的图形界面设计，当单击"验证"按钮后，弹出一个确认对话框，单击"重置"按钮则清除已输入的数据。

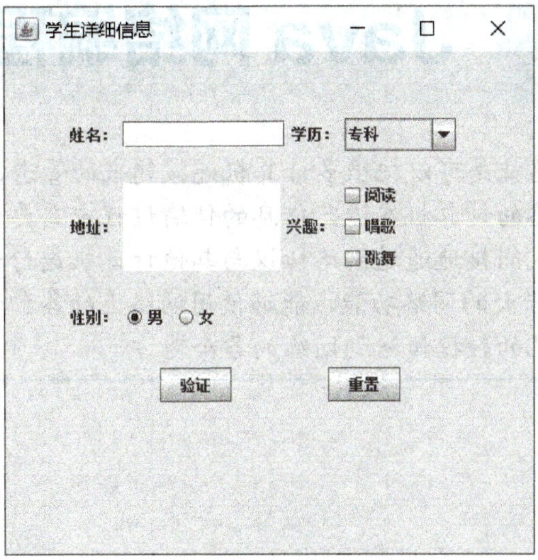

图 10-21 "学生详细信息"对话框

单元 11　Java 网络编程

在计算机领域，网络就是可以把很多计算机连接起来的管道，通过网络可以进行信息的传输与共享，不同网络的计算机在进行信息的传输过程中需要遵循统一的网络协议。网络编程的目的就是直接或间接地通过网络协议与其他计算机进行通信。

Java 类库提供了很强大的网络功能，能够使用网络上的各种资源和数据，与服务器建立各种传输通道，将自己的数据传送到网络的各个地方。

【学习目标】

知识目标
（1）了解 TCP/IP、通信端口和 URL 的概念等网络基础知识
（2）熟悉使用 InetAddress 类获取主机信息的方法
（3）理解使用 URL 类访问网络资源的过程
（4）掌握使用 Socket 实现网络通信的方法

能力目标
（1）能够使用 TCP 进行客户端与服务器端消息的传递
（2）能够使用 UDP 进行客户端与服务器端消息的传递

素质目标
（1）自觉遵守网络安全及网络信息使用法律法规
（2）树立精益求精、追求卓越的意志和工作精神

※ 长风破浪会有时，直挂云帆济沧海。

任务 11.1　学生信息文件的上传

【任务分析】

学生基本信息即可以存储在数据库中，也可以存储在文件中，还可以存储在网络服务器中。本任务就是通过 Java 网络编程，将存储学生信息的文件上传至网络服务器。

【基本知识】

11.1.1　网络基础

视频 11-1

1. TCP/IP

TCP/IP（Transmission Control Protocol/Internet Protocol，传输控制协议/网际互联协议）是

Internet 上所有网络和主机之间进行交流所使用的共同"语言",是 Internet 上使用的一组完整的标准网络连接协议。通常所说的 TCP/IP 实际上包含了大量的协议和应用,且是由多个独立定义的协议组合在一起的一个协议簇。

Internet 在全世界飞速发展,使得 TCP/IP 得到了广泛的使用。虽然 TCP/IP 不是 ISO 标准,但事实上已经成为计算机网络的工业标准,并形成了 TCP/IP 参考模型。

2. TCP/IP 的层次结构

TCP/IP 共有 4 个层次,分别是主机至网络层、互联网层、传输层和应用层。TCP/IP 参考模型的层次结构与 OSI 层次结构的对照关系如图 11-1 所示。

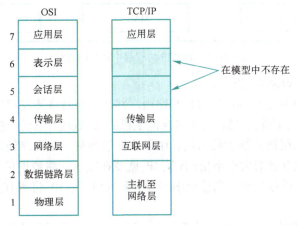

图 11-1 TCP/IP 参考模型的层次结构与 OSI 层次结构的对照关系

应用层:在 TCP/IP 参考模型中,应用程序接口是最高层,它与 OSI 模型中的高 3 层的任务相同,用于提供网络服务,如文件传输(FTP)、远程登录(TELNET)、域名服务(DNS)和简单网络管理(SNMP)等。

传输层:TCP/IP 的传输层也被称为主机至主机层,与 OSI 的传输层类似,主要负责主机到主机之间的端到端通信。该层使用了两种端到端的协议来支持数据的传送,即 TCP 和 UDP。

互联网层:它是整个体系结构的关键部分,其主要功能是处理来自传输层的分组,将分组形成数据包(IP 数据包),并为该数据包进行路径选择,最终将它们从源主机发送到目的主机。该层最常用的协议是 IP,其他一些协议用来协助 IP 的操作。

主机至网络层:TCP/IP 参考模型的最底层,也称网络访问层,包括能使用 TCP/IP 与物理网络进行通信的协议,对应着 OSI 的物理层和数据链路层。TCP/IP 标准在该层没有定义具体的协议,只是指出主机必须使用某种协议与网络连接,以便能在其上传递 IP 分组。这极大地提高了灵活性,使得 TCP/IP 可以运行在任何网络之上。

3. TCP/IP 协议簇

在 TCP/IP 参考模型的层次结构中包括 4 个层次,但实际上只有 3 个层次包含了实际的协议。TCP/IP 协议簇中各层的协议如图 11-2 所示。

从图 11-2 中可以看出,TCP/IP 协议簇中包含了大量的协议,这里仅对其中的 IP、TCP 和 UDP 做一些简单的介绍。

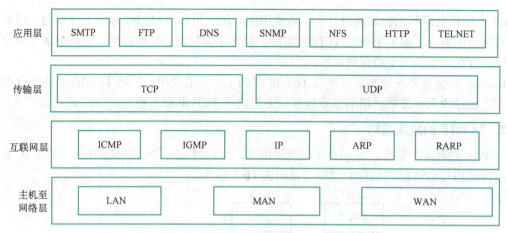

图 11-2　TCP/IP 协议簇中各层的协议

（1）IP（Internet Protocol，网际协议）

IP 的任务是对数据包进行相应的寻址和路由，并从一个网络转发到另一个网络。IP 在每个发送的数据包前加入一个控制信息，其中包含源主机的 IP 地址和其他一些信息。IP 的另一项工作是分割和重编在传输层被分割的数据包。由于数据包要从一个网络转发到另一个网络，当两个网络所支持传输的数据包的大小不相同时，IP 就要在发送端将数据包分割，然后在分割的每一段前再加入控制信息进行传输。当接收端接收到数据包后，IP 将所有的片段重新组合形成原始的数据。

IP 是一个无连接的协议。无连接是指主机之间不建立用于可靠通信的端到端的连接，源主机只是简单地将 IP 数据包发送出去，而 IP 数据包可能会丢失、重复、延迟时间长或者次序混乱。因此，要实现数据包的可靠性传输，就必须依靠高层的协议或应用程序，如传输层的 TCP。

（2）TCP（Transmission Control Protocol，传输控制协议）

TCP 是传输层的一种面向连接的通信协议，它提供可靠的数据传送。TCP 将源主机应用层的数据分成多个分段，然后将每个分段传送到互联网层，互联网层将数据封装为 IP 数据包，并发送到目的主机。目的主机的互联网层将 IP 数据包中的分段传送给传输层，再由传输层对这些分段进行重组，还原成原始数据，并传送给应用层。另外，TCP 还要完成流量控制和差错检验的任务，以保证可靠的数据传输。

（3）UDP（User Datagram Protocol，用户数据报协议）

UDP 是一种面向无连接的协议，因此不能提供可靠的数据传输，而且 UDP 不进行差错检验，必须由应用层的应用程序来实现可靠性机制和差错控制。虽然与 TCP 相比显得非常不可靠，但 UDP 在一些特定环境下还是非常有优势的。例如，面向连接的通信通常只能在两台主机之间进行，若要实现多台主机之间的一对多或多对多的数据传输，即广播或多播，就需要使用 UDP。

4．通信端口

在 Internet 上，各主机之间通过 TCP/IP 发送和接收数据，各个数据包根据其目的主机的 IP 地址进行互联网络中的路由选择。可见，把数据包顺利地传送到目的主机是没有问题的。但是，大多数操作系统都支持多程序（进程）同时运行，那么目的主机应该把接收到的数据包传送给众多进程中的哪一个呢？端口机制便由此被引入进来。

通常，操作系统会给那些有需求的进程分配协议端口，每个端口由一个正整数标识，如80、139 等。当目的主机接收到数据包后，会根据报文首部的目的端口号把数据发送到相应的端口，而与此端口相对应的进程将会获取数据并等待下一组数据的到来。计算机主机通过通信协议（如 TCP/IP）可于同一台主机上提供不同类型的服务，如 FTP、HTTP、SMTP 等，通信协议通过通信端口区分 Internet 的各种应用服务。通信端口是由 16 位数值代表的，因而同一主机上可使用 1~65 535（$2^{16}-1$）个通信端口所定义的 Internet 应用服务。

端口被分为固定端口和动态端口两大类。固定端口是指不论何种操作系统，这些端口所代表的应用服务都相同，因此可以通过扫描这些端口来判断是否开启了相应的服务。国际认证组织 IANA 将 1~1023 号端口保留为固定端口，其中常见的部分固定通信端口及其 Internet 服务如表 11-1 所示。

表 11-1　部分固定通信端口及其 Internet 服务

通信端口	服　　务	协　　议	说　　明
7	echo	TCP/UDP	回显服务
9	discard	TCP/UDP	放弃服务
13	daytime	TCP/UDP	时间日期服务
21	ftp	TCP	文件传输协议
23	telnet	TCP	远程登录服务
25	smtp	TCP	简单邮件传输协议
80	http	TCP	HTTP
110	pop3	TCP	邮局协议——版本 3

动态端口并不固定地捆绑于某一服务，操作系统将这些端口动态地分配给各个进程（同一进程两次分配有可能分配到不同的端口）。例如，当客户端使用服务器端的应用程序时，同样需要使用通信端口与服务器建立连接。这时，操作系统为它分配一个随机的端口，这个端口号大于 1024 的任一个未被使用的通信端口。当应用程序执行完毕后，这个通信端口会自动释放。

5．URL 概念

URL（Uniform Resource Location，统一资源定位符）是 Internet 上用来描述信息资源的字符串，主要用在各种 WWW 客户程序和服务器程序上，特别是著名的 Mosaic。采用 URL 可以用一种统一的格式来描述各种信息资源，包括文件、服务器的地址和目录等。

标准的 URL 由三部分组成：协议类型、主机名和路径及文件名。图 11-3 所示为山东电子职业技术学院的 WWW 服务器的 URL。

图 11-3　标准的 URL 组成

其中，"http"指出要使用的协议为 HTTP；"www.sdcet.cn"指出要访问的服务器的主机名；"Index.html"指出要访问的主页的路径及文件名。

URL 的构成如下：

　　信息服务方式://信息资源的地址/文件路径

（1）信息服务方式

目前，WWW 系统中编入 URL 的最普遍的服务连接方式有以下 4 种。
- HTTP：使用 HTTP 提供超文本信息服务的 WWW 信息资源空间。
- FTP：使用 FTP 提供文件传送服务的 FTP 资源空间。
- FILE：使用本地 HTTP 提供超级文件信息服务的 WWW 信息资源空间。
- TELNET：使用 TELNET 提供远程登录信息服务的 TELNET 信息资源空间。

（2）信息资源的地址

信息资源地址是指提供信息服务的主机在 Internet 上的域名。例如，www.sdcet.cn 是山东电子职业技术学院 WWW 服务器的主机域名。信息资源地址的格式如下。

主机域名:端口号

一般情况下，由于常用的信息服务程序采用的是标准端口号，在 URL 中可以不指定端口号，如 http://www.sdcet.cn 和 http://www.sdcet.cn:80 是完全相同的。但是，当某些信息服务使用非标准的端口时，就要求用户必须在 URL 中进行端口的说明。

（3）路径及文件名

文件路径指的是资源在主机中存放的具体位置。根据查询要求的不同，在 URL 中，路径及文件名部分可有可无，除非在查询中要求。例如，http://www.company.com 表示使用 HTTP 访问信息资源，信息资源存储在域名为 www.company.com 的主机上，该资源在主机中的路径为根目录，文件名使用了默认的文件名，即 index.htm 或 default.htm 等。它提供服务时使用默认端口号 80。

又如，ftp://test.net:22/pub/readme.txt 表示使用 FTP 传送文件资源。主机域名为 test.net，使用的不是默认的 FTP 端口号 21，而是 22。资源在主机中的存放路径和文件名为 pub/readme.txt。

6．Java 与网络编程

Java 最初是作为一种网络编程语言出现的，它能够使用网络上的各种资源和数据，与服务器建立各种传输通道，将自己的数据传送到网络的各个地方。Java 类库提供了强大的网络功能，因此可以借助它很轻松地完成这些工作。

Java 中与网络相关的功能都定义在 java.net 包中，其所提供的网络功能可大致分为以下三类。

（1）URL 和 URLConnection

URL 表示 Internet 上某一信息资源的地址。当得到一个 URL 对象后，就可以通过它来读取指定的 WWW 资源。如果还想输出数据，如向服务器端发送一些请求参数，那么必须先与 URL 建立连接，然后才能对其进行读写，这时就要用到 URLConnection 了。

（2）Socket 通信

Socket（套接字）是网络上的两个程序通过一个双向的通信连接实现数据交换的通道，这个双向链路的一端称为一个 Socket。Socket 通常用来实现客户端和服务器端的连接，它隐藏了建立网络连接和通过连接发送数据的复杂过程。

Socket 套接字使用 TCP 提供了两台计算机之间的通信机制。客户端程序创建一个套接字，并尝试连接服务器的套接字。当连接建立时，服务器会创建一个 Socket 对象。客户端和服务器现在可以通过对 Socket 对象的写入和读取来进行通信。套接字有两种：一种套接字在服务器端创建，叫作服务器套接字（**ServerSocket**）；还有一种在客户端被创建，就是客户端套接字（**Socket**）。服务器端在指定的端口等待客户来连接。**客户端**在需要的时刻向**服务器端**发出连接请求，一旦客户端连接上，就按照设计的数据交换方法和格式进行数据传输。

（3）数据报（Datagram）通信

数据报通信是基于 UDP 的一种通信方式，它无须建立发送方和接收方的连接，每个数据报中都给出了完整的地址信息。数据报在网络上以任何可能的路径传往目的地，因此能否到达目的地、到达时间以及内容的正确性都是不能被保证的。对于一些不需要很高质量的应用程序来说，数据报通信是一个非常好的选择。在 Java 的 java.net 包中有两个类 **DatagramSocket** 和 **DatagramPacket**，以实现数据报通信方式。

11.1.2 Socket 类

Socket 类代表一个套接字，客户端和服务器可以通过对 Socket 对象的写入和读取来进行通信。客户端套接字的工作过程包含以下 4 个基本步骤。

视频 11-2

1）创建 Socket。
2）通过 getInputStream 方法、getOutputStream 方法打开连接到 Socket 的输入/输出流。
3）对 Socket 进行读/写操作。
4）关闭 Socket。

上述第 3）步是实现程序功能的关键步骤。类 Socket 对客户端套接字进行了很好的封装，可以通过它来实现客户端套接字应用程序。Socket 的常用方法如表 11-2 所示。

表 11-2 Socket 常用方法

方　　法	说　　明
public Socket(String host, int port)	构造方法，创建套接字，并将其连接到指定主机上的指定端口号
public Socket(InetAddress host, int port)	构造方法，创建套接字，并将其连接到指定 IP 地址的指定端口号
public InputStream getInputStream()	获取输入流
public OutputStream getOutputStream()	获取输出流
public void close()	关闭 Socket

1. 创建 Socket

在创建客户端套接字时，指定远程服务器的地址和端口号。如果连接失败，它将抛出一个 UnknownHostException 异常；如果出现 I/O 错误，则抛出 IOException 异常。因此在创建客户端套接字时必须对异常进行处理，示例如下。

```
try {
    Socket s=new Socket("www.sdcet.cn",80);
} catch (UnknownHostException e)   {
    …   //处理异常
} catch (IOException e)   {
    …   //处理异常
}
```

2. 打开输入/输出流

一旦 Socket 被打开，就可以使用 Socket 类的 getInputStream()和 getOutputStream()方法来得到对应的输入/输出流。对于获得的这两个流，可以像使用任何其他流一样去使用它们，如在返回的流对象上建立过滤流等。

3. 关闭 Socket

每一个 Socket 都占有一定的资源，因此在 Socket 对象使用完毕时，应当通过 close()方法将其关闭。在关闭 Socket 之前，应当将与该 Socket 相关的所有的输出/输出流全部关闭，以释放所有的资源。

【例 11-1】 客户端套接字应用程序示例。

```
import java.net.*;
import java.io.*;
public class SocketTest {
    public static void main(String[ ] args) {
        try {
            Socket s=new Socket("time-A.timefreq.bldrdoc.gov",13);
            BufferedReader in=new BufferedReader(new
                InputStreamReader(s.getInputStream()));
            String line="";
            while((line=in.readLine())!=null)
                System.out.println(line);
            in.close();
            s.close();
        } catch(Exception e) {
            e.printStackTrace();
        }
    }
}
```

本例建立了连接到 time-A.timefreq.bldrdoc.gov 服务器的套接字。大多数 UNIX 计算机都支持"当日时间"服务，该服务总是连接到端口 13。因此，程序运行后将会返回类似下面一行的信息：

    59830 22-09-08 13:30:45 50 0 0 293.1 UTC(NIST) *

11.1.3 ServerSocket 类

ServerSocket 类对服务器套接字进行了封装，通过它可以实现服务器套接字应用程序。在类 ServerSocket 中包含了在指定端口上创建 ServerSocket 对象的构造函数、监听指定端口，以及发送和接收数据的方法。ServerSocket 的常用方法如表 11-3 所示。

表 11-3 ServerSocket 常用方法

方法	说明
public ServerSocket(int port)	构造方法，创建绑定到特定端口的服务器套接字
public Socket accept()	侦听并接收到此套接字的连接,返回 Socket 套接字
public int getLocalPort()	返回此套接字在其上侦听的端口
public void close()	关闭 ServerSocket

服务器套接字的工作过程如下。

1）在指定端口创建一个 ServerSocket 对象。

2）调用 accept()方法在指定端口监听连接。accept()方法一直处于阻塞状态，直到有客户端试图建立连接，这时该方法返回连接客户端与服务器端的 Socket 对象。

3）调用 getInputStream()方法和 getOutputStream()方法打开到 Socket 的输入/输出流。

4）对 Socket 进行读/写操作。

5）操作完成后，关闭 Socket 并断开连接。

6）服务器回到第 2）步，继续监听下一次连接，直到服务器关闭。

【例 11-2】 ServerSocket 应用程序示例。

```java
import java.io.*;
import java.net.*;
public class EchoServer {
    public static void main(String[ ] args) {
        try {
            ServerSocket server=new ServerSocket(8080);
            Socket s=server.accept();
            BufferedReader in=new BufferedReader(new InputStreamReader(s.getInputStream()));
            PrintWriter out=new PrintWriter(s.getOutputStream(),true);
            out.println("Hello! Enter Bye to exit.");
            String line="";
            while((line=in.readLine())!=null) {
                out.println("Echo:"+line);
                if(line.trim().equalsIgnoreCase("BYE"))
                    break;
            }
            in.close();
            out.close();
            s.close();
            server.close();
        } catch(Exception e) {
            e.printStackTrace();
        }
    }
}
```

上面的例子实现了一个简单的服务器程序，它仅仅读取客户端输入。每次读取一行，然后回送这一行，表明程序接收了客户端的输入。可以使用 telnet 命令通过端口 8080 来连接这个应用程序。

在命令行中输入"tclnct 127.0.0.1 8080"，IP 地址 127.0.0.1 是一个专用地址，这个被称为本地回送地址的 IP 地址指的就是本地计算机。

当连接到 8080 端口时，可以看到"Hello! Enter Bye to exit."信息。随意输入一条信息，观察屏幕上的回送信息。输入"BYE"（不区分大小写）可以断开连接，同时服务器程序也会终止运行。

程序的一次运行结果如下。

Hello! Enter Bye to exit.
Hello,Tom！（回车）
Echo:Hello,Tom!
This program is written in Java. （回车）
Echo:This program is written in Java.
bye （回车）
Echo:bye

11.1.4 多客户端访问处理

前面例子中的简单服务器存在一个问题：同一时刻只能有一个客户端连接到服务器。通常，服务器总是不间断地运行在计算机上，希望有多个客户端能够同时使用服务器，可以运用线程解决这个问题。

每当程序建立一个新的套接字连接，也就是说，当 accept()方法被成功调用的时候，将创建一个新的线程来处理服务器和该客户端的连接。主程序将立即返回并等待下一个连接。为了实现这个机制，服务器应该具有类似以下代码的循环操作。

```
while(true) {
    Socket s=server.accept();
    Runnable r=new ThreadServerHandler(s);
    new Thread(r).start();
}
```

ThreadServerHandler 类实现了 Runnable 接口，而且它的 run()方法中包含了与客户端通信的代码。

```
class ThreadServerHandler implements Runnable {
    …
    public void run() {
        try {
            InputStream inStream=s.getInputStream();
            OutputStream outStream=s.getOutputStream();
            //处理输出与输出
            s.close();
        } catch(IOException e) {
            //处理异常
        }
    }
}
```

由于每一个连接都会启动一个新的线程，因而多个客户端就可以同时连接到服务器了。这里服务器程序一旦运行就不会停止运行，可以使用〈Ctrl+C〉组合键强行关闭它。

【任务实施】

任务 11-1

要实现将学生信息文件上传到服务器端的功能，需要分别编写服务器端程序及客户端程序，具体实现可参考如下步骤。

1）创建服务端类 FileTransferServer，创建带有端口号的服务器端套接字 ServerSocket，调用其 accept 方法，等待客户端连接请求。

2）创建拥有 Socket 属性的多线程类，以处理多个客户端的请求。可通过实现 Runnable 接口方式实现，在其 run 方法中实现从 Socket 中获取输入流，然后进行读入操作（即实现客户端上传信息的读取），通过控制台输出查看，并根据当前时间创建新文件进行存储。

3）创建客户端类 FileTransferClient，创建客户端套接字，注意指定服务器地址和端口号。

4）在 FileTransferClient 类中创建 BufferedReader 对象，用于读取学生信息文件。

5）在 FileTransferClient 类中通过 Socket 输出流构建 PrintWriter 对象，对读取到的文件进行

逐行上传。

6）关闭服务器及客户端资源。

具体实现代码请扫描二维码下载，程序运行结果如图 11-4 所示。

```
....学生信息存储服务器正常工作，正在等待上传...
开始接收文件...
张三 男 18
李四 男 19
王五 男 20
DONE
文件接收完成...
```

图 11-4　服务器端运行结果

☞ 注意：客户端和服务器端都有一个 Socket 对象，服务器端要先于客户端启动。

工单 11-1

【同步训练】

实现一个简单的教师学生聊天应用程序，创建教师端和学生端，实现一个教师可以同时与多个学生进行对话式聊天。为了保证数据传输的安全与稳定，采用 TCP 进行消息的传输。

任务 11.2　学生给教师留言

【任务分析】

学生和教师之间需要进行沟通交流，本任务实现多名学生多次给教师留言，教师进行信息反馈。

【基本知识】

11.2.1　InetAddress 类

IP 地址是指用一串数字表示的主机地址，它由 4 个字节组成，IPv6 规定为 16 个字节。通常，不用过多考虑 IP 地址的问题。但是，如果需要在主机名和 IP 地址之间进行转换，可以使用 InetAddress 类。

静态的 getByName()方法可以返回代表某个主机的 InetAddress 对象，例如：

```
InetAddress address=InetAddress.getByName("www.sdcet.cn");
```

上面的语句将返回一个 InetAddress 对象，该对象封装了一个 4 个字节的序列：222.173.43.135。然后，可以使用 getAddress()方法来访问这些字节。

```
byte[ ] addressBytes=address.getAddress();
```

一些访问量较大的主机通常会对应多个 IP 地址以实现负载均衡。当主机被访问时，其 IP 地址将从所有地址里面随机产生，可以通过调用 getAllByName()方法来获得所有主机。

InetAddress[ ] address=InetAddress.getAllByName(host);

最后需要说明的是，有时可能需要知道本机的地址。如果只是要求得到 localhost 的地址，总会得到地址 127.0.0.1，这个地址可能不是很有用。相反，可以使用静态方法 getLocalHost()来得到本机的地址。

InetAddress address=InetAddress.getLocalHost();

11.2.2　DatagramSocket 类

DatagramSocket 类代表一个数据报套接字，客户端和服务器端都通过 DatagramSocket 发送和接收数据报。DatagramSocket 的常用方法如表 11-4 所示。

表 11-4　DatagramSocket 常用方法

方　　法	说　　明
public DatagramSocket()	构造方法，创建数据报套接字对象，并将其绑定到本地主机上任何可用的端口，多用于客户端
public DatagramSocket(int port)	构造方法，创建数据报套接字对象，并将其绑定到本地主机上的指定端口，多用于服务器端
public DatagramSocket (int port,InetAddress addr)	构造方法，绑定到指定的地址和端口，适用于有多块网卡和多个 IP 地址的情况
public void send(DatagramPacket p)	发送数据报对象
public synchronized void receive(DatagramPacket p)	接收数据报对象
public void close()	关闭 DatagramSocket

11.2.3　DatagramPacket 类

DatagramPacket 类用于封装 UDP 通信中发送或接收的数据。DatagramPacket 类的对象也称为数据报对象。这个数据报对象包含了需要传输的数据、数据报长度、IP 地址和端口号等信息。DatagramPacket 常用构造方法如表 11-5 所示。

表 11-5　DatagramPacket 常用构造方法

方　　法	说　　明
public DatagramPacket(byte buf[],int length)	构造方法，创建一个接收数据报的对象，数组 buf 用于存放数据报中的数据，length 为接收数据报长度
public DatagramPacket(byte buf[],int offset, int length, InetAddress address, int port)	构造方法，创建一个发送数据报的对象，并将数组 buf 中长度为 length 的数据发送到地址为 address、端口号为 port 的主机上
public synchronized int getLength()	发送或接收的数据报的实际长度
public synchronized byte[] getData()	发送或接收的数据报字节数组
public synchronized int getPort()	获取数据报发送方或接收方的主机端口号

接收数据报的步骤如下。

1）使用 DatagramSocket(int port)创建数据报套接字，绑定到指定的端口。

2）准备好字节数组 buf，创建 DatagramPacket(byte[] buf,int length)对象用于接收。

3）使用 DatagramSocket 类的 receive()方法接收 DatagramPacket 对象。

发送数据报的步骤如下。

1）使用 DatagramSocket() 创建一个数据报套接字。

2）使用 DatagramPacket(byte[] buf,int offset,int length,InetAddress address,int port) 创建要发送的数据报，指定要发送的内容、目的地址和端口。

3）使用 DatagramSocket 类的 send() 方法发送 DatagramPacket 对象。

【任务实施】

为实现学生给老师留言的功能，将学生设为客户端，将教师设为通信服务器端。操作步骤如下。

1）创建客户端类 UDPStudent，在主方法体中创建数据报套接字。

2）继续创建数据报，指定要发送的内容和目的地址及端口号，为实现多次留言，将创建数据报操作放在循环中。

3）使用数据报套接字 DatagramSocket 的 send 方法发送数据报。

4）为保证程序能够结束，根据用户输入的内容设置退出循环的时机。

5）创建服务器端类 UDPTeacher，在主方法体中创建带端口号的数据报套接字。

6）继续创建用于接收数据的数据报对象，使用数据报套接字 DatagramSocket 的 receive 方法接收数据报，因客户端循环发送，因此服务器端需要循环接收。

7）对接收的数据进行处理。

实现代码请扫描二维码下载，实现效果图如图 11-5 和图 11-6 所示。

图 11-5　学生端运行结果　　　　图 11-6　教师端运行结果

【同步训练】

基于数据报套接字实现教师（服务器端）与学生（客户端）间的对话式聊天。

【知识梳理】

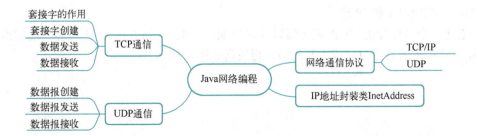

课后作业

一、填空题

1. Java 的许多网络类都包含在_____包中。
2. _____类的对象包含一个 IP 地址。
3. 基于 TCP 的 Socket 通信中，一般而言，创建一个 TCP 客户端，有以下几步。
1) 创建一个 Socket 对象。
2) 调用_____方法和_____方法获得输入/输出流。
3) 利用输入/输出流，对 Socket 进行写/读操作。
4) _____。
4. 在基于 UDP 的数据报编程中，使用的套接字是_____类，其中发送和接收的方法分别为_____方法和_____方法；表示数据报的类是_____类。

二、选择题

1. TCP/IP 系统中的端口号是一个_____位的数字，它的范围是 0～65 535。
   A．8   B．16   C．32   D．64
2. 在 Java 编程语言中，TCP/IP Socket 连接是用 java.net 包中的类实现的，它的连接步骤和方法是_____。
   A．服务器分配一个端口号，如果客户请求一个连接，服务器使用 accept()方法打开 Socket 连接
   B．客户在 host 的 port 端口建立连接
   C．服务器和客户使用 InputStream 和 OutputStream 进行通信
   D．以上全部

三、简答题

1. 简述 TCP 与 UDP 的不同。
2. 什么是 URL？它由哪几部分构成？
3. 简述基于 TCP 的 Socket 通信中服务器套接字的工作过程。
4. 简述数据报通信中客户端和服务器端的基本操作步骤。

四、程序设计

1. 编写一个程序输出主机的 IP 地址，主机名称通过命令行参数给出。如果命令行没有设置任何参数，则输出本机 IP 地址。
2. 创建一个多线程的 TCP 服务器以及客户端，完成下面的功能：读入客户端发给服务端的字符串，然后把所有字母转成大写之后，再发送给客户端。

单元 12　学生信息管理系统设计与实现

通过前面各单元的学习,"学生信息管理系统"的各功能模块已在各单元任务中实现,本单元运用软件工程的设计思想,将各功能模块以项目的方式进行组织,并进行测试、打包,最终形成一个可交付的应用系统。

【学习目标】

知识目标
(1) 了解软件开发流程
(2) 熟悉系统分析与设计方法
(3) 理解系统测试
(4) 掌握系统打包

能力目标
(1) 能够根据系统需求对系统进行分析设计
(2) 能够对系统进行有效测试
(3) 能够对系统进行打包

素质目标
(1) 提升职业的认同感、责任感、荣誉感和使命感
(2) 精益求精、开拓创新、追求品质,树立"质量强国"意识
(3) 培养换位思考意识及大局意识

※ 运筹帷幄之中,决胜千里之外。你读书的态度,决定你成功的高度。

任务 12.1　系统需求分析

【任务分析】

要实现软件系统的开发,首先要完成软件的需求分析,本任务就是对"学生信息管理系统"进行具体的需求分析。

【基本知识】

视频 12-1

软件开发过程(Software Development Process),或软件过程(Software Process),是软件开发的生命周期(Software Development Life Cycle),其各个阶段实现了软件的需求定义与分析、设计、实现、测试、交付和维护。软件过程是在开发与构建系统时应遵循的步骤,是软件开发的路线图。

系统需求分析是软件工程中的一个关键过程。在这个过程中,系统分析人员要做深入细致

的调研和分析，准确理解用户和项目的功能、性能、可靠性等具体要求，将用户的需求表述转化为完整的需求定义，从而确定系统必须"做什么"。

【任务实施】

为实现"学生信息管理系统"的需求分析，需要与学校教师及同学进行线上线下沟通，明确该系统要"做什么"，主要步骤如下。

1）与教师沟通，明确教师需要作为管理人员在系统中进行登录，教师登录后需要对学生信息、课程信息进行维护管理。

2）与学生沟通，明确学生可直接以学生角色在系统中进行登录，学生登录后需要根据条件查询课程信息并进行选课操作，并对学生个人信息进行修改。

3）进行原型设计，管理员主窗体、学生主窗体、学生管理、课程管理、学生选课的界面原型如图 12-1～图 12-5 所示。

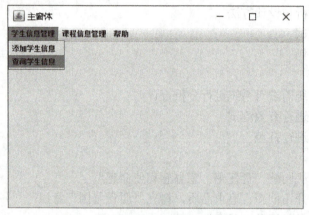

图 12-1　管理员主窗体界面原型

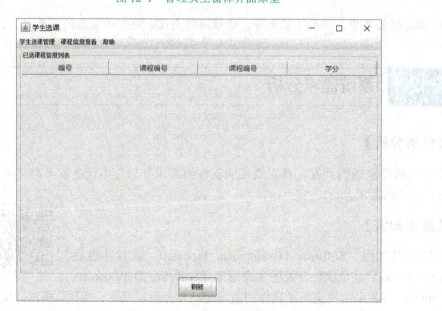

图 12-2　学生主窗体界面原型

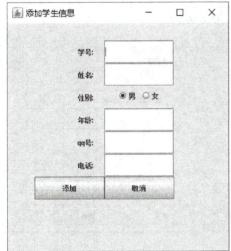
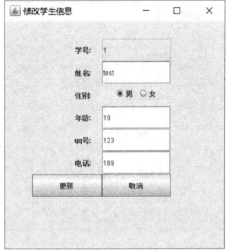

图 12-3　学生管理界面原型

图 12-4 课程管理界面原型

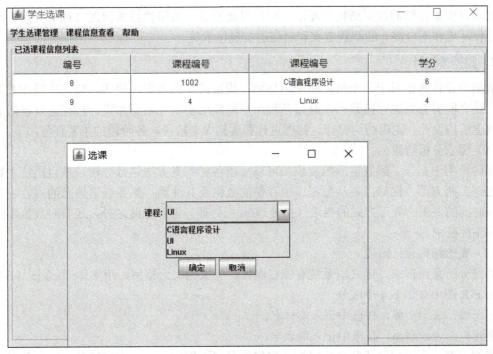

图 12-5 学生选课界面原型

【同步训练】

分析图书管理系统的具体需求。

任务 12.2 系统设计与实现

【任务分析】

完成需求分析之后就进入系统设计与实现阶段，其主要目的是明确软件系统"如何做"。本任务主要完成"学生信息管理系统"的模块功能设计、数据库结构设计、系统架构设计，并实现该系统。

【基本知识】

系统设计阶段的任务是设计软件系统的模块层次结构、数据库结构及模块的控制流程。

1. 系统设计

系统设计是系统的物理设计阶段，根据系统分析阶段所确定的系统的逻辑模型、功能要求，在用户提供的环境条件下，设计出一个能在计算机网络环境上实施的方案，即建立系统的物理模型。系统设计可以分为概要设计和详细设计两个阶段。

概要设计解决软件系统的模块划分和模块层次结构及数据库设计，最终给出软件的功能模块结构，并用软件结构图表示；详细设计是对软件项目结构中的各个模块进行细化和完善，最终得到项目更加详细的数据结构和算法、用户界面设计、关键性技术问题（包括开发环境和工具、运行环境和平台等）的解决方案和对应的实现技术等。

2．数据库设计

数据库设计是指对于一个给定的应用环境，构造最优的数据库模式，建立数据库及其应用系统，使之能够有效地存储数据，满足各种用户的应用需求。数据库设计过程主要包括需求分析、概念结构设计、逻辑结构设计、物理设计和实施5个阶段，各阶段的主要任务如下。

（1）需求分析阶段

该阶段用于充分了解数据库的要求，可以采用各种调查方法进行分析，重点围绕"数据"和"处理"两方面，比如需要从数据库中存储的数据及其性质、想要获得信息的内容、对处理的响应时间的要求、处理方式的要求（批处理/联机处理）等。除此之外，还有对数据库的安全性与完整性要求。

（2）概念结构设计阶段

通过分析系统需求，定义出系统有哪些实体，抽象为概念模型，用实体-联系图（E-R）表示。在E-R图中有如下4个成分。

矩形框：表示实体，在框中记入实体名。

菱形框：表示联系，在框中记入联系名。

椭圆形框：表示实体或联系的属性，将属性名记入框中。对于主属性名，则在其名称下画一条下画线。

连线：在实体与属性之间、实体与联系之间、联系与属性之间用直线相连，并在直线上标注联系的类型。

☞ **说明**：对于一对一联系，要在两个实体连线方向都写1；对于一对多联系，要在一方写1，一方写N；对于多对多关系，则要在两个实体连线方向分别写N和M。

（3）逻辑结构设计阶段

该阶段将不同的概念模型根据它们之间的联系转变为关系模式。关系模型通常需要满足第三范式。范式（Normal Form）是设计数据库结构过程中所要遵循的规则和指导方法。

第一范式（1NF）：列满足的原子性，即列不能够再分。

第二范式（2NF）：在1NF基础上进一步满足必须有一个主键；没有包含在主键中的列必须完全依赖于主键，而不能只依赖于主键的一部分。

第三范式（3NF）：在2NF基础上，任何非主属性不依赖于其他非主属性，消除传递依赖。

（4）物理设计阶段

该阶段为给定的数据模型选取合适的应用环境进行存储。根据关系数据库的存取方法和存储结构，按照需求分析中的处理时间和空间约束，确定数据库的物理设计。

（5）实施阶段

按照逐步完善的方式，首先进行测试数据的载入和应用程序的调试，然后进行数据库的试运行，用于评价其功能和性能，最后分期分批组织数据入库。

3．系统实现

系统实现是实际编码的开始。系统实现的主要任务是，开发人员根据设计阶段完成的各个功能模块的要求，开发出规范的程序代码。

【任务实施】

"学生信息管理系统"系统设计阶段完成的具体任务主要包括以下内容。

1）系统功能设计。本系统功能涉及两种角色用户，具体功能结构如图 12-6 所示。

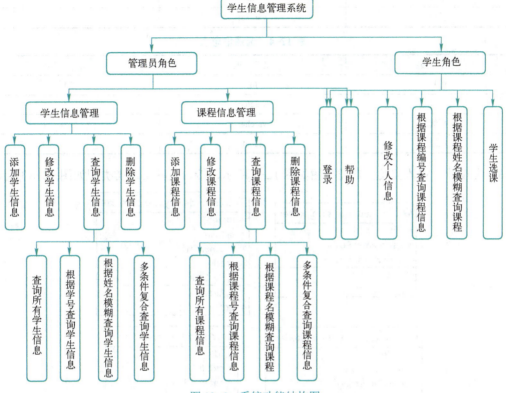

图 12-6　系统功能结构图

2）数据库设计。系统数据库表结构设计如表 12-1～表 12-4 所示。

表 12-1　管理员表

字　段	类　型	说　明
编号	int	主键
用户名	varchar	
密码	varchar	

表 12-2　学生信息表

字　段	类　型	说　明
学号	varchar	主键
姓名	varchar	
性别	varchar	
年龄	int	
qq 号	varchar	
电话	varchar	
密码	varchar	

表 12-3 课程信息表

字段	类型	说明
课程编号	varchar	主键
课程名	varchar	
学分	Int	
类型	varchar	

表 12-4 选课信息表

字段	类型	说明
编号	Int	主键
学号	varchar	
课程编号	varchar	
成绩	Float	

3）类设计。实体类及工具类类图如图 12-7 所示，接口及其实现类类图如图 12-8 所示。

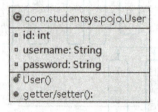
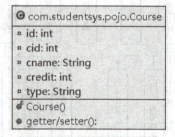
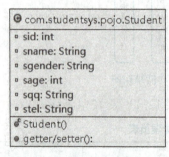
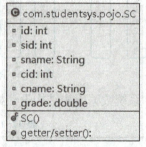
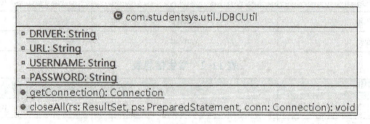

图 12-7 实体类及工具类类图

4）系统实现。在 Eclipse 环境中新建项目，目录结构如图 12-9 所示。其中 com.studentsys.pojo 包下放实体类，与数据库中的表结构对应；com.studentsys.dao 包中存放接口；com.studentsys.dao.impl 包中存放接口的实现类；com.studentsys.util 包中存放工具类；com.studentsys.view 存放窗体类；com.view 下存放本项目登录窗体。

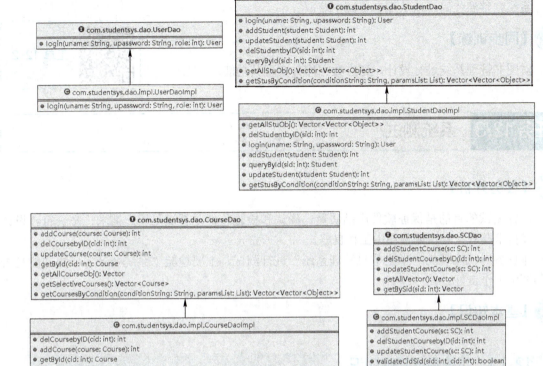

图 12-8 接口及其实现类类图

图 12-9 项目目录结构图

系统完整源代码，请从配套资源中获取。

【同步训练】

对图书管理系统进行设计，建立数据库并实现其功能。

工单 12-2

任务 12.3　系统测试

【任务分析】

软件测试的目的是保证软件产品质量，确认和检验软件是否满足用户需求、是否符合设计和开发技术要求、是否如预期中工作良好。

本任务对已实现的"学生信息管理系统"进行测试，主要检验"系统登录"模块功能是否如预期中工作良好。

【基本知识】

12.3.1　系统测试基础知识

系统测试的目标在于通过与系统的需求定义作比较，发现软件与系统定义不匹配或与之矛盾的地方，验证最终软件系统是否满足用户规定的需求。

视频 12-2

1. 测试原则

测试过程中一般遵循如下原则。

1）测试工作应避免由原开发系统的个人或小组承担。

2）要精心设计测试计划，不仅要包括确定的输入数据，而且应包括从系统功能出发预期的测试结果。

3）要进行回归测试。

4）测试要遵从经济性原则。

2. 测试类型

常见的测试类型包括功能测试、安全测试、界面测试、性能测试等。

功能测试：验证当前软件的主体功能是否实现。

安全测试：对产品进行检验以验证产品符合安全需求定义和产品质量标准的过程，验证软件是否只是对授权用户提供功能使用。

界面测试：测试用户界面功能模块的布局是否合理、整体风格是否一致、各个控件的放置位置是否符合客户使用习惯。

性能测试：通过自动化的测试工具模拟多种正常、峰值以及异常负载条件来对系统的各项性能指标进行测试。负载测试和压力测试都属于性能测试。

3. 测试方法

常见的软件测试方法可根据测试对象及手段进行划分。

（1）按测试对象分类

白盒测试：软件底层代码功能实现，同时逻辑正确。

黑盒测试：测试软件外在功能是否可用。

灰盒测试：介于两者之间（接口测试）。

（2）根据测试阶段分类

单元测试：是指对软件中的最小可测试单元进行检查和验证。

集成测试：也叫组装测试或联合测试。在单元测试的基础上，将所有模块按照设计要求组装成为子系统或系统，进行集成测试。

系统测试：是对整个系统的测试，将硬件、软件、操作人员看作一个整体，检验它是否有不符合系统说明书的地方。这种测试可以发现系统分析和设计中的错误。

验收测试：部署软件之前的最后一个测试操作。在软件产品完成了单元测试、集成测试和系统测试之后，产品发布之前所进行的软件测试活动。

（3）按测试对象是否执行分类

静态测试：测试对象不执行，测文档。

动态测试：将软件运行在真实环境当中。

（4）按测试手段进行分类

手工测试：由测试人员对被测对象进行手动的验证。

自动化测试：通过第三方测试工具对被测对象进行测试。

12.3.2 Java 单元测试

Java 程序最小的功能单元是方法，而单元测试就是针对最小的功能单元编写测试代码，所以，Java 单元测试就是针对 Java 方法的测试，进而检查方法的正确性。JUnit 是面向 Java 程序的单元测试框架，该框架存在以下特点。

1）可以方便地组织和运行测试。

2）可以方便地查看测试结果。

3）常用的 IDE 都集成了 JUnit。

4）使用断言测试期望结果。

JUnit 常用注解如表 12-5 所示，常用断言如表 12-6 所示。

表 12-5　JUnit 常用注解

注解名	执行时机
@BeforeClass	全局只会执行一次，而且是第一个运行
@Before	在测试方法运行之前运行
@Test	测试方法
@After	在测试方法运行之后运行
@AfterClass	全局只会执行一次，而且是最后一个运行
@Ignore	忽略此方法

表 12-6　JUnit 常用断言

断言语句	要　　求
assertEquals(String message, XXX expected,XXX actual)	expected 的值能够等于 actual
assertTrue(String message, boolean condition)	condition == true
assertFalse(String message, boolean condition)	condition == false
assertNotNull(String message, Object object)	object!=null
assertNull(String message, Object object)	object==null

【任务实施】

以"系统登录"模块为例，具体测试方法和步骤如下。

1）添加 JUnit 依赖库。

右击项目名，选择快捷菜单中的"Properties"，打开"Properties"对话框，如图 12-10 所示。

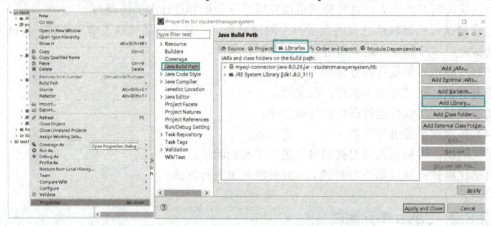

图 12-10　打开"Properties"对话框

依次选择"Java Build Path"→"Libraries"，单击"Add Library"按钮，打开"Add Library"对话框，选择"JUnit"，进入"JUnit Library"界面，如图 12-11 所示。JUnit 目前的最新版本为 JUnit 5，较之前版本改动较大，读者可以选择 JUnit 4，也可以选择 JUnit 5。

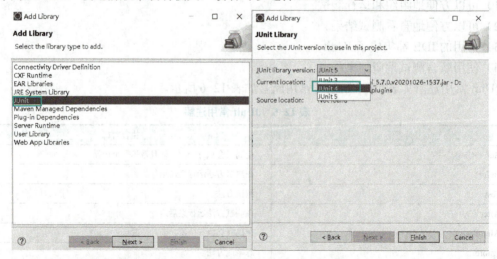

图 12-11　打开"Add Library"对话框

2）在项目中创建测试类，测试 StudentDaoImpl 的登录方法，代码如下。

```java
package com.studentsys.dao.impl;
import static org.junit.Assert.*;
import org.junit.Before;
import org.junit.BeforeClass;
import org.junit.Test;
public class StudentDaoImplTest {
    static StudentDaoImpl stuDao;
    @BeforeClass
    public static void setUpBeforeClass() throws Exception {
        stuDao = new StudentDaoImpl();
    }
    @Before
    public void setUp() throws Exception {
    }
    @Test
    public void testLogin() {
        assertNotEquals(stuDao.login("admin", "123456"),null);
    }
}
```

3）执行单元测试。

StudentDaoImpl 的 login 方法的返回值类型为 User，在提供正确的用户名和密码的情况下返回该 User 对象，否则返回 null。在 testLogin 方法中通过"assertNotEquals"断言，判断 StudentDaoImpl 对象 login 方法的返回结果与 null 是否不相等，不等则说明该用户能登录成功。

在测试类名或代码中右击并在弹出的快捷菜单中选择"Run As"→"JUnit Test"，即可运行单元测试。提供正确的用户名和密码信息的运行结果如图 12-12 所示，执行成功则为绿色进度条；提供错误的用户名和密码信息的运行结果如图 12-13 所示。紫红色进度条表示执行失败，并有异常说明。

图 12-12　单元测试执行成功

☞ **说明**：一个测试类中可以有多个带有@Test 注解的方法，如果运行该测试类，所有单元测试方法都会运行，若只计划测试某个方法，则选中要测试的方法进行运行即可。

图 12-13　单元测试执行失败

【同步训练】

创建测试类，通过单元测试验证 CourseDaoImpl 类中的增、删、改、查方法是否正确。

工单 12-3

任务 12.4　系统打包

【任务分析】

项目开发完成后，就可以交付给用户使用了。但并不是将已完成的包含多个 Java 源文件的系统直接提供给用户使用，因为用户没有集成开发环境，也不会通过 javac 等命令去编译运行程序，所以需要将系统打包为 jar 文件。实际应用中有的项目是中间件或工具性质，是不可运行的，如前文提到的连接数据库的驱动类 jar 包，而有的是具有程序入口的可执行的 jar 文件，所以会有不同的打包方式。

本任务使用 Eclipse 工具将"学生信息管理系统"打包为带有程序入口可运行的 jar 文件。

【基本知识】

Java 有两种打包方式：使用 jar 命令打包和使用 Eclipse 工具打包。

12.4.1　使用 jar 命令打包

在 cmd 窗口中通过 jar 命令可以进行打包，具体语法如下。

　　　　jar {ctxui}[vfmn0PMe] [jar-file] [manifest-file] [-C dir] files ..

视频 12-3

其中{ctxui}是 jar 命令的子命令，一条 jar 命令只能包含 ctxui 中的一个选项，而其他[ ]中的选项为可选项。各选项的说明如下。

- -c：创建新档案。
- -t：列出档案目录。
- -x：从档案中提取指定的（或所有）文件。

- -u：更新现有档案。
- -i：为指定的 jar 文件生成索引信息。
- -v：在标准输出中生成详细输出。
- -f：指定档案文件名。
- -m：包含指定清单文件中的清单信息。
- -n：创建新档案后执行 Pack200 规范化。
- -0：仅存储；不进行任何压缩。
- -P：保留文件名中的前导符号 "/"（绝对路径）和 ".."（父目录）组件。
- -M：不创建条目的清单文件。
- -e：为捆绑到可执行 jar 文件的独立应用程序，指定应用程序入口点。
- -C：更改为指定的目录并包含以下文件。

【例 12-1】 将不带包名的类打包。

已知在 E 盘的 java 文件夹下有两个类 HelloWorld 及 Student，两个类均没有放在任何包内，其中 HelloWorld 类的内容如下所示。

```
public class HelloWorld {
    public static void main(String[] args) {
        System.out.println("Hello World");
    }
}
```

1）对不带包名的单个类打包，如 HelloWorld 类，打包后的文件如图 12-14 所示。

   jar cvf　Hello.jar HelloWorld.class

图 12-14　单个类打包及结果图

2）对不带包名的多个类打包，打包后的文件如图 12-15 所示。

   jar cvf　Hello2.jar HelloWorld.class Student.class

图 12-15　对多个类打包及结果图

【例 12-2】 对带包名的类打包。p1 是 com.pojo.Course 和 com.pojo.User 类所在目录，对 p1 目录下的多个类打包，如图 12-16 所示。

jar cvf cu.jar -C p1 .

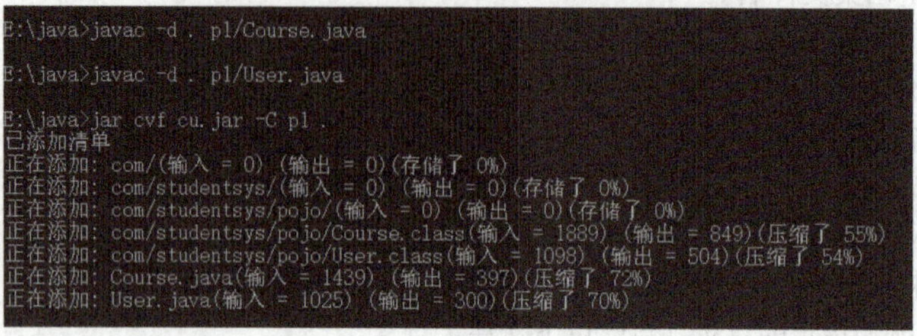

图 12-16 对 p1 目录下的多个类打包

【例 12-1】【例 12-2】中打包后的 jar 文件不能通过 java -jar xxx.jar 运行，因为在打包时没有指定程序的入口，所以打包后的文件不能直接运行。对带有程序入口的 jar 文件打包需要使用以下方式。

【例 12-3】 对指定程序入口的类打包。

jar cvfm HelloWorld.jar MANIFEST.MF HelloWorld.class

需要提前创建好 MANIFEST.MF 文件（也可通过前期的 jar 包进行修改）。MANIFEST.MF 文件中，**Manifest-Version** 指定清单的版本，**Created-By** 指明创建的作者，**Class-Path** 指定主类所在类路径，**Main-Class** 指明程序运行的主类，具体如下。

Manifest-Version: 1.0
Created-By: 1.8.0_311 (Oracle Corporation)
Class-Path: .
Main-Class: HelloWorld

打包过程及运行结果如图 12-17 所示。

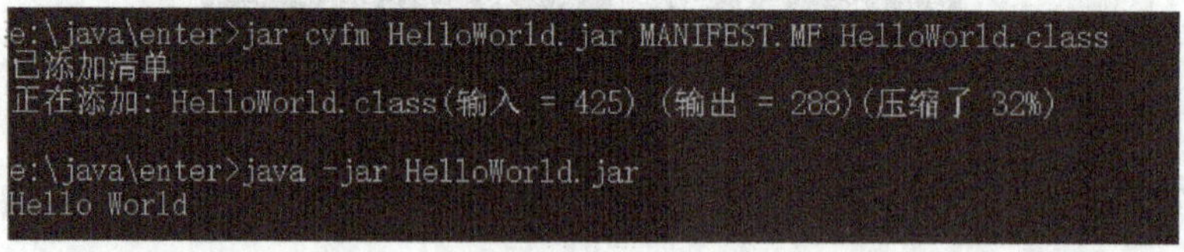

图 12-17 打包过程及运行结果

12.4.2 使用 Eclipse 工具打包

Eclipse 工具提供了两种打包方式，分别是打包为"JAR file"和"Runable JAR file"。

打包为"JAR file"方式，用户可以指定或不指定程序入口，而打包为"Runable JAR file"必须指定程序入口，即打包的为带程序入口的 jar 包。同时针对带有第三方库的项目，采用"JAR file"方式，需要手动配置清单文件，而采用"Runable JAR file"方式可直接在对话框中选择设置。两种方式的具体实现如下。

1)在要打包的项目上右击,选择"Export",打开"Export"对话框。

2)在"Export"对话框中选择"Java"→"JAR file",然后单击"Next"按钮打开"Jar Export"对话框进入步骤3);或选择"Java"→"Runable JAR file"进入步骤5)。

3)在"Jar Export"对话框中选择要打包的项目、打包后的文件名及所在位置,然后单击"Next"按钮,在下一对话框继续单击"Next"按钮即可打开清单文件配置对话框。

4)在该对话框中选择创建清单文件或使用已存在清单文件,设置系统入口类,单击"Finish"按钮即可。

5)在"Runnable JAR File Export"对话框中选择装载配置类(LaunchConfiguration,即项目入口类),设置导出位置及文件名称,单击"Finish"按钮即可。

【任务实施】

将学生信息管理系统使用 Eclipse 进行"JAR file"方式打包。

1)在项目上右击,选择"Export",如图 12-18 所示,打开"Export"对话框。

2)在"Export"对话框中选择"Java"→"JAR file",然后单击"Next"按钮打开"Jar Export"对话框,如图 12-19 所示。

☞ 说明:选择"Runnabale JAR file",则打包为带有程序入口的可运行的 jar 包。

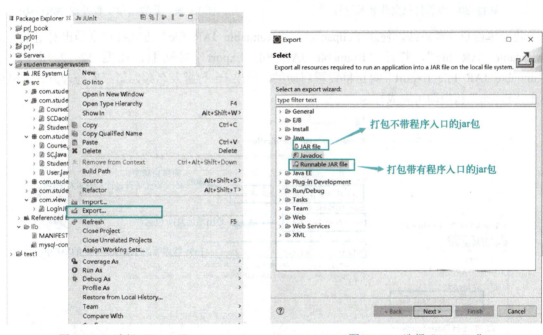

图 12-18 选择"Export"   图 12-19 选择"JAR file"

3)在"Jar Export"对话框的"JAR File Specification"界面中,选择要打包的文件,设置打包后的文件名为 stusys.jar,存放在桌面上,然后单击"Next"按钮,在下一窗口继续单击"Next"按钮进入清单文件配置对话框,如图 12-20 所示。

4)选择创建清单文件或使用已存在清单文件,设置程序入口类,如图 12-21 所示,单击"Finish"按钮即可在桌面生成对应的 stusys.jar 文件,完成打包。

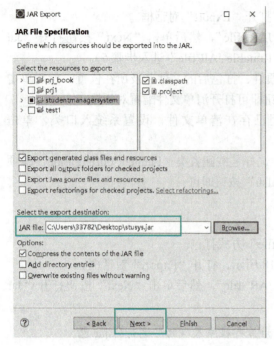
图 12-20 设置打包文件名及位置

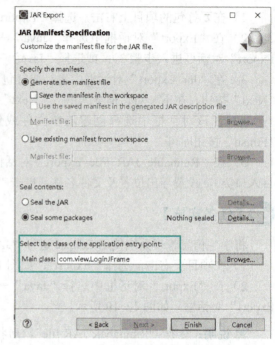
图 12-21 设置清单文件及程序入口类

将学生信息管理系统，使用 Eclipse 进行"Runnable JAR file"方式打包则导出对话框选择"Runnable JAR file"，打开"Runnable JAR File Export"对话框，如图 12-22 所示，在"Runnable JAR File Export"对话框设置启动类，导出 jar 位置及名称，第三库处理方式，最后单击"Finish"按钮即可完成打包。

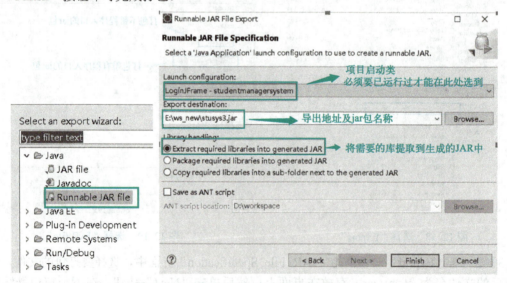

图 12-22 选择导出可运行文件，设置导出选项

【同步训练】

使用 Eclispe 方式将图书管理系统打包，运行测试。

课后作业

请同学们将自己完成的"学生信息管理系统"中的单元任务组成一个项目,并进行系统测试和打包。